"十三五"国家重点研发
既/有/居/住/建/筑/宜/居/改/造
关/键/技/术/系/列/丛

既有居住建筑低能耗改造技术指南

赵　力　主　编

王清勤　何　涛　赵士永　副主编

中国建筑工业出版社

图书在版编目（CIP）数据

既有居住建筑低能耗改造技术指南/赵力主编；王清勤，何涛，赵士永副主编. —北京：中国建筑工业出版社，2021.10

（既有居住建筑宜居改造及功能提升关键技术系列丛书）

ISBN 978-7-112-26582-4

Ⅰ. ①既…　Ⅱ. ①赵…　②王…　③何…　④赵…　Ⅲ. ①居住建筑-旧房改造-节能-指南　Ⅳ. ①TU746.3-62

中国版本图书馆 CIP 数据核字（2021）第 188849 号

责任编辑：张幼平　费海玲
责任校对：李美娜

既有居住建筑宜居改造及功能提升关键技术系列丛书
既有居住建筑低能耗改造技术指南
赵　力　主　编
王清勤　何　涛　赵士永　副主编

*

中国建筑工业出版社出版、发行（北京海淀三里河路 9 号）
各地新华书店、建筑书店经销
霸州市顺浩图文科技发展有限公司制版
北京建筑工业印刷厂印刷

*

开本：787 毫米×1092 毫米　1/16　印张：13½　字数：276 千字
2021 年 10 月第一版　　2021 年 10 月第一次印刷
定价：**60.00** 元
ISBN 978-7-112-26582-4
（38013）

《既有居住建筑低能耗改造技术指南》

编 委 会

主　　审：冯　雅　王随林　刘　刚　袁一星　葛　坚　张文才
　　　　　刘　京

主　　编：赵　力

副 主 编：王清勤　何　涛　赵士永

编写委员：（以姓氏拼音为序）
　　　　　安　乐　蔡　倩　陈　斌　崔冬瑾　邓　鹏　范东叶
　　　　　范红亚　范　乐　范圣权　付素娟　郝雨杭　何春霞
　　　　　姜益强　李建琳　李　军　刘宏成　吕石磊　龙恩深
　　　　　马素贞　潘　振　沈　朝　申士元　时元元　孙金金
　　　　　吴伟伟　吴晓海　王博雅　王博渊　王　萌　王　敏
　　　　　肖　坚　袁　磊　虞　跃

其他参编人员：（以姓氏拼音为序）
　　　　　成　竹　韩雪亮　康井红　刘业涛　彭　诗　青苏琴
　　　　　仇丽娉　王　媛　韦雅云　向俊米　熊蛟龙　雍忠渝
　　　　　于希洋　周雨嫣

主编单位：中国建筑科学研究院有限公司

参编单位：河北省建筑科学研究院有限公司
　　　　　哈尔滨工业大学
　　　　　湖南大学
　　　　　深圳大学
　　　　　四川大学
　　　　　中建科技集团有限公司
　　　　　中国建筑设计研究院有限公司
　　　　　北京住总集团有限责任公司
　　　　　湖北中城科绿色建筑研究院
　　　　　长沙远大建筑节能有限公司

总　　序

新中国成立特别是改革开放以来，我国建筑业房屋建设能力大幅提高，住宅建设规模连年增加，住宅品质明显提升，我国住房发展向住有所居的目标大步迈进。据国家统计局发布的数据，1981 年全国竣工住宅面积 6.9 亿平方米，2017 年达到 15.5 亿平方米。1981 年至 2017 年，全国竣工住宅面积 473.5 亿多平方米。人民居住条件得到明显改善，有效地满足了人民群众日益增长的基本居住需求。

随着我国经济社会的快速发展和城镇化进程的不断加速，2019 年我国常住人口城镇化率 60.6%，已经步入城镇化较快发展的中后期，我国城镇化发展已由大规模增量建设转为存量提质改造和增量结构调整并重，进入了从"有没有"转向"好不好"的城市更新时期。党的十九大报告指出，我国社会主要矛盾已经转化为人民日益增长的美好生活需要和不平衡不充分的发展之间的矛盾。与新建建筑相比，既有居住建筑改造受条件限制，改造难度较大。相关政策、机制、标准、技术、产品等方面都还有待进一步完善，与人民群众日益增长的多样化美好居住需求尚有差距。解决好住房、城乡人居环境等人民群众的操心事、烦心事、揪心事，着力推动存量巨大的既有建筑从满足基本居住功能向绿色、健康、智慧、宜居的方向迈进，实现高质量、可持续发展是住房城乡建设领域的一项重要任务，是满足人民群众美好生活需要的重大民生工程和发展工程。

天下之大，民生为最。党的十八大以来，以习近平同志为核心的党中央坚持以人民为中心的发展思想，以不断改善民生为发展的根本目的。推进老旧小区改造，既是民生工程也是民心工程，事关城市长远发展和百姓福祉，国家高度重视。近年来，国家陆续出台了一系列政策推进老旧小区改造。2014 年 3 月，中共中央、国务院印发《国家新型城镇化规划（2014—2020 年）》提出，有序推进旧住宅小区综合整治、危旧住房和非成套住房改造，全面改善人居环境。2019 年 3 月，《政府工作报告》指出，城镇老旧小区量大面广，要大力进行改造提升，更新水电路气等配套设施，支持加装电梯和无障碍环境建设。2020 年 7 月，国务院办公厅印发的《关于全面推进城镇老旧小区改造工作的指导意见》要求，全面推进城镇老旧小区改造工作。2020 年 10 月，党的十九届五中全会通过的《中共中央关于制定国民经济和社会发展第十四个五年规划和二〇三五年远景目标的建议》指出，推进以人为核心的新型城镇化，实施城市更新行动，加强城镇老旧小区改造和社区建设，不断增强人民群众获得感、幸福感、安全感。这对既有居住建筑改造提出了更新、更高的要求，也为新时代我国既有居住建筑改造事业的发展指明了新方向。

我国经济社会发展和民生改善离不开科技解决方案，而科研是科技进步的源泉和动

4

力。在既有居住建筑改造的科研领域，国家科学技术部早在"十一五"时期，立项了国家科技支撑计划项目"既有建筑综合改造关键技术研究与示范"；在"十二五"时期，立项了国家科技支撑计划项目"既有建筑绿色化改造关键技术研究与示范"；在"十三五"时期，立项了国家重点研发计划项目"既有居住建筑宜居改造及功能提升关键技术""既有城市住区功能提升与改造技术"。从"十一五"至"十三五"期间，既有居住建筑改造逐步转变为基于更高目标为导向的功能、性能提升改造，这对满足人民群众美好生活需要，推进城市更新和开发建设方式转型，促进经济高质量发展起到了积极的促进作用。

2017 年 7 月，中国建筑科学研究院有限公司作为项目牵头单位，承担了"十三五"国家重点研发计划项目"既有居住建筑宜居改造及功能提升关键技术"（项目编号：2017YFC0702900）。该项目基于"安全、宜居、适老、低能耗、功能提升"的改造目标，结合社会经济、设计新理念和技术水平发展新形势，依次按照"顶层设计与标准规范、关键技术与部品装备、技术体系与集成示范"三个递进层面进行研究。重点针对政策机制与标准规范、防灾改造与寿命提升、室内外环境宜居改善、低能耗改造、适老化宜居改造、设施功能提升与设备研发等方向进行攻关，形成了技术集成体系并进行推广应用。通过项目的实施，将形成关键技术、标准规范、部品装备等系列成果，为改善人民群众居住条件和生活环境提供科技引领和技术支撑。

"利民之事，丝发必兴。"在谋划"十四五"规划的关键之年，项目组特将攻关研究成果及其实施应用经验组织编撰成册，即《既有居住建筑宜居改造及功能提升关键技术系列丛书》。本系列丛书内容涵盖政策机制研究、标准规范对比、关键技术研发、工程案例汇编等，并根据项目的实施进度陆续出版。希望本系列丛书的出版能对相关从业人员的工作有所裨益，为进一步推动我国既有居住建筑改造事业的高质量、可持续发展发挥重要的积极作用，为不断增强人民群众的获得感、幸福感、安全感贡献力量。

中国建筑科学研究院有限公司　董事长

前　言

　　建筑节能是国家节约能源、保护环境工作的重要组成部分，对于落实国家能源生产和消费革命战略、推进节能减排和应对气候变化、增加人民群众幸福感和获得感，具有重要的现实意义和深远的战略意义。2014年3月，中共中央、国务院发布《国家新型城镇化规划（2014—2020年）》，提出加快既有建筑节能改造。2017年1月，国务院印发的《"十三五"节能减排综合工作方案》（国发〔2016〕74号）指出，要充分认识做好"十三五"节能减排工作的重要性和紧迫性，实施建筑节能先进标准领跑行动，强化既有居住建筑节能改造。2017年3月，住房和城乡建设部印发的《建筑节能与绿色建筑发展"十三五"规划》（建科〔2017〕53号）提到，加快提高建筑节能标准及执行质量，稳步提升既有建筑节能水平。2020年9月22日，习近平主席在第七十五届联合国大会一般性辩论上讲话时郑重承诺，中国将提高国家自主贡献力度，采取更加有力的政策和措施，CO_2排放力争于2030年前达到峰值，努力争取2060年前实现碳中和。

　　就居住建筑而言，我国从20世纪80年代开始颁布实施居住建筑节能设计标准。首先在北方集中供暖地区（即严寒和寒冷地区），于1986年试行新建居住建筑供暖节能率30%的设计标准，1996年实施供暖节能率50%的设计标准，2010年实施供暖节能率65%的设计标准，2019年实施供暖节能率75%的设计标准。夏热冬冷地区居住建筑节能设计标准于2001年实施，要求供暖、空调节能率50%；修订版的标准于2010年实施。夏热冬暖地区居住建筑节能设计标准于2003年实施，要求供暖、空调节能率50%；修订版的标准于2013年实施。温和地区居住建筑节能设计标准于2019年实施。

　　受建造时技术水平和经济条件等原因的限制，加之围护结构部件和设备系统的老化、维护不及时等原因，既有居住建筑室内热环境质量相对较差、能耗较高。相应地，国家开展实施了既有居住建筑节能改造，并于2000年10月11日发布了行业标准《既有采暖居住建筑节能改造技术规程》JGJ 129—2000，修订版的标准于2013年3月1日起实施，即行业标准《既有居住建筑节能改造技术规程》JGJ/T 129—2012。截至目前，居住建筑节能标准体系已基本形成，为不同气候区居住建筑开展节能工作提供了主要依据和技术支撑。

　　经济的发展和生活水平的不断提高，使得用能等需求不断增长，建筑能耗总量和能耗强度上行压力不断加大，这对做好节能改造工作提出了更新、更高的要求。为贯彻国家节能改造有关的法律、法规和政策方针，引导既有居住建筑低能耗改造，根据中国工程建设标准化协会《关于印发〈2017年第二批工程建设协会标准制订、修订计划〉的通知》（建标协字〔2017〕031号）的要求，由中国建筑科学研究院有限公司会同有关单位共同编制了《既有居住建筑低能耗改造技术规程》T/CECS 803—2021（以下简称《规程》）。《规程》包括7章和1个附录，主要技术内容包括总则、术语、基本规定、诊断评估、改造设计、施工验收、运行维护等。

为了配合《规程》的实施，帮助读者更好地理解标准条文技术内容，中国建筑科学研究院有限公司组织有关专家共同编写了《既有居住建筑低能耗改造技术指南》。全书分7章，主要内容包括：1 绪论、2 诊断评估、3 建筑、4 供暖空调、5 给水排水、6 电气、7 工程案例。

本书由赵力、王清勤、何涛、赵士永统稿校审，其中第1章由吴伟伟、范东叶、潘振负责编写，第2章由刘宏成、赵士永、马素贞、孙金金负责编写，第3章由赵士永、刘宏成、袁磊、虞跃负责编写，第4章由姜益强、龙恩深、何涛负责编写，第5章由李建琳、吕石磊、何涛负责编写，第6章由吴晓海、何涛负责编写，第7章由赵士永、邓鹏、陈斌负责编写。

中国建筑西南设计研究院有限公司冯雅教授级高级工程师、北京建筑大学王随林教授、天津大学刘刚教授、哈尔滨工业大学袁一星教授、浙江大学葛坚教授、中国建筑设计研究院有限公司张文才教授级高级工程师、北京城建设计研究总院刘京教授级高级建筑师等专家对书稿进行了全面审查，并提出修改意见和建议，编制组针对专家的意见和建议对稿件进行了修改完善。本书在编写过程中，得到了审稿专家和作者的大力支持，在此向他们表示由衷的感谢。

本书得到"十三五"国家重点研发计划课题"既有居住建筑低能耗改造关键技术研究与示范（2017YFC0702904）"的支持。

本书的编写凝聚了专家组和编写组的集体智慧，在大家的辛苦付出下得以完成。由于编者水平有限，书中难免存在疏忽和不足之处，恳请广大读者批评指正！

本书编委会
2021年5月19日

目　　录

1 绪 论

1.1 发展现状

20 世纪 80 年代初，国家层面正式启动居住建筑节能的相关工作，经过 30 多年的努力，取得了显著成就。主要体现在以下六个方面：

1）实施范围全覆盖，居住建筑节能意识普遍提高

我国建筑节能工作是从供暖地区城镇新建居住建筑率先开始的，1986 年开始实施第一步节能（节能 30%），1995 年开始实施第二步节能（节能 50%），2010 年开始实施第三步节能（节能率 65%），2019 年开始实施第四步节能（节能 75%）；2000 年后扩展到夏热冬冷、夏热冬暖地区的居住建筑。

其中，《建筑节能与绿色建筑发展"十三五"规划》指出：建筑节能标准稳步提高。全国城镇新建民用建筑节能设计标准全部修订完成并颁布实施，节能性能进一步提高。城镇新建建筑执行节能强制性标准比例基本达到 100%，累计增加节能建筑面积 70 亿 m²，节能建筑占城镇民用建筑面积比重超过 40%。北京、天津、河北、山东、新疆等地开始在城镇新建居住建筑中实施节能 75% 的强制性标准。

既有居住建筑节能改造全面推进。截至 2015 年底，北方供暖地区共计完成既有居住建筑供热计量及节能改造面积 9.9 亿 m²，是国务院下达任务目标的 1.4 倍，节能改造惠及超过 1500 万户居民，老旧住宅舒适度明显改善，年可节约能源 650 万 tce。夏热冬冷地区完成既有居住建筑节能改造面积 7090 万 m²，是国务院下达任务目标的 1.42 倍（表 1.1-1）。

"十二五"时期建筑节能主要发展指标　　　　　　　　表 1.1-1

指标	2010 年基数	规划目标		实现情况	
		2015 年	年均增速[累计]	2015 年	年均增速[累计]
城镇新建建筑节能标准执行率/%	95.4	100	[4.6]	100	[4.6]
严寒、寒冷地区城镇居住建筑节能改造面积/亿 m²	1.8	8.8	[7]	11.7	[9.9]
夏热冬冷地区城镇居住建筑节能改造面积/亿 m²	—	0.5	[0.5]	0.7	[0.7]

注：[ ]内为 5 年累计值。

来源：《住房和城乡建设部关于印发建筑节能与绿色建筑发展"十三五"规划的通知》建科〔2017〕53 号。

在国家和地方各级政府的大力宣传和强力推动下，全社会的建筑节能意识明显提

高。设计、施工、监理、运行管理以及节能技术、产品和设备研发生产等单位均重视建筑节能工作，社会公众普遍关心建筑的节能品质。

2）居住建筑节能法律法规基本健全

《中华人民共和国节约能源法》经修订颁布执行，专门明确规定了建筑节能工作的监督管理和主要内容，并写明"建筑节能的国家标准、行业标准由国务院建设主管部门组织制定，并依照法定程序发布"；《民用建筑节能条例》颁布实行，作为指导建筑节能工作的专门法规，详细规定了建筑节能的监督管理、工作内容和责任。这些法律法规的实施，解决了建筑节能工作长期缺少法律依据的尴尬局面，使全国的建筑节能工作走上依法开展和监管的道路。

3）居住建筑节能标准逐步健全

借鉴欧美国家建筑节能标准的经验，我国于 1986 年发布实施了第一本建筑节能标准《民用建筑节能设计标准（采暖居住建筑部分）》JGJ 26—86，即节能 30％的标准（一步节能）。从此我国居住建筑节能领域的标准不断得到补充、完善，居住建筑节能领域的标准无论是在数量、覆盖范围上，还是制修订进度上都得到极大的完善，归纳起来主要体现在：

（1）标准覆盖的地域范围不断扩大：从严寒和寒冷地区扩大到夏热冬冷地区、夏热冬暖地区、温和地区；

（2）标准涉及的工程阶段不断增加：从节能设计增加到节能工程施工验收、运行维护以及既有居住建筑节能改造；

（3）标准涉及的专业领域不断丰富：从建筑围护结构、供热和制冷的性能要求，扩展到引导和鼓励可再生能源、热回收技术、被动技术、智能化控制技术等的利用；

（4）标准对节能的要求不断提高：严寒和寒冷地区居住建筑节能设计标准于 1995 年、2010 年和 2018 年分别发布实施了第二版、第三版和第四版，对外墙、门窗、屋面等围护结构的节能性能以及供热系统的节能性能和控制要求不断提高。其他标准，如夏热冬冷地区居住建筑节能设计标准、夏热冬暖地区居住建筑节能设计标准等也在及时修订中。

4）居住建筑节能财税激励力度不断加大

国家财政积极支持建筑节能工作。财政部、住房和城乡建设部先后共同设立了"北方采暖地区既有居住建筑供热计量及节能改造奖励资金""太阳能光电建筑应用财政补助资金"等多项建筑节能领域专项资金。中央财政安排资金用于鼓励和支持北方供暖地区既有居住建筑供热计量及节能改造、可再生能源建筑应用等方面。同时，各级地方财政也给予建筑节能工作大力支持。北京、上海、重庆、内蒙古、山西、江苏、安徽、深圳等地对建筑节能的财政支持力度较大，还安排了专项资金。

5）建筑节能技术和产业得到提升

在国家、地方及科研单位和企业的持续投入下，建筑节能技术不断得到突破，节能技术和产品的市场供应能力得到突飞猛进的发展。例如：建筑规划和设计技术，外墙和屋顶的保温隔热技术，门窗节能技术，遮阳技术，照明、制冷、供热及能源控制技术，可再生能源利用技术，施工技术等均得到突破，形成了一系列的关键技术，研发了大批的新技术、新产品、新装置，不但促进了建筑节能和绿色建筑科技水平的整体提升，而且形成了一大批新兴节能产业。

6）建筑节能监管和服务能力得到加强

国家和地方主管部门建立了建筑节能专项设计审查、节能工程施工质量监督、建筑节能专项验收、建筑能效测评标识、建筑节能信息公示等制度，实现了从设计、施工图审查、施工、竣工验收备案到销售和使用的全过程监管。

同时，第三方专业化建筑节能服务机构得到培育和发展，不断满足建筑节能诊断、设计、改造、运行管理、融资等方面的市场需求，建筑节能服务市场初步建立。

1.2 政策法规

节约能源是我国的一项基本国策。国家实施节约与开发并举、把节约放在首位的能源发展战略，并在建筑节能方面发布了一系列政策法规，为建筑节能工作开展提供强有力的支撑。

1）国家居住建筑节能政策的发展

1986年1月，国务院发布《节约能源管理暂行条例》。《条例》第三十五条指出，建筑物设计，在保证室内合理生活环境的前提下，应当采取妥善确定建筑体形和朝向、改进围护结构、选择低耗能设施以及充分利用自然光源等综合措施，减少照明、供暖和制冷的能耗。

1991年4月，第七届全国人民代表大会第四次会议通过《中华人民共和国国民经济和社会发展十年规划和第八个五年计划纲要》，提出着重开发和推广节能、节地、节材的住宅体系。

1997年11月，第八届全国人民代表大会常务委员会第二十八次会议通过《中华人民共和国节约能源法》，并分别于2007年、2016年进行修订。该法规指出，国家鼓励在新建建筑和既有建筑节能改造中使用新型墙体材料等节能建筑材料和节能设备，安装和使用太阳能等可再生能源利用系统。

2005年9月，国务院办公厅在《关于进一步推进墙体材料革新和推广节能建筑的通知》（国办发〔2005〕33号）中提出："积极推动绿色建筑、低能耗或超低能耗建筑的研究、开发和试点。"

2007年6月，国务院印发《节能减排综合性工作方案》（国发〔2007〕15号），提出组织实施低能耗、绿色建筑示范项目 30 个，推动北方供暖区既有居住建筑供热计量及节能改造 1.5 亿 m^2，启动 200 个可再生能源在建筑中规模化应用示范推广项目。

2008 年 7 月，国务院颁布《民用建筑节能条例》，其中"既有建筑节能改造"提到，居住建筑节能改造费用由政府、建筑所有权人共同承担。

2011 年 9 月，国务院印发《"十二五"节能减排综合性工作方案》（国发〔2011〕26 号），要求到 2015 年，北方供暖地区既有居住建筑供热计量和节能改造 4 亿 m^2 以上，夏热冬冷地区既有居住建筑节能改造 5000 万 m^2。并要求推进北方供暖地区既有建筑供热计量和节能改造，实施"节能暖房"工程，改造供热老旧管网，实行供热计量收费和能耗定额管理；做好夏热冬冷地区建筑节能改造。

2012 年 7 月，国务院印发《"十二五"国家战略性新兴产业发展规划》（国发〔2012〕28 号），提出提高新建建筑节能标准，开展既有建筑节能改造，大力发展绿色建筑，推广绿色建筑材料。

2012 年 8 月，国务院印发《节能减排"十二五"规划》（国发〔2012〕40 号），要求加大既有建筑节能改造力度。以围护结构、供热计量、管网热平衡改造为重点，大力推进北方供暖地区既有居住建筑供热计量及节能改造，加快实施"节能暖房"工程。以建筑门窗、外遮阳、自然通风等为重点，在夏热冬冷地区和夏热冬暖地区开展居住建筑节能改造试点。

2013 年 1 月，国务院印发《能源发展"十二五"规划》（国发〔2013〕2 号），要求加强建筑节能，推行绿色建筑标准、评价与标识，提高新建建筑能效水平，加快既有建筑和城市供暖管网节能改造，实行供热计量收费和能耗定额管理，着力增加太阳能、地热能等可再生能源在建筑用能中的比重。

2013 年 7 月，国务院在《关于加快棚户区改造工作的意见》（国发〔2013〕25 号）中指出，要按照小户型、齐功能、配套好、质量高、安全可靠的要求，科学利用空间，有效满足基本居住功能。坚持整治与改造相结合，合理界定改造范围。对规划保留的建筑，主要进行房屋维修加固、完善配套设施、环境综合整治和建筑节能改造。

2013 年 8 月，国务院在《关于加快发展节能环保产业的意见》（国发〔2013〕30 号）中指出，提高新建建筑节能标准；推进既有居住建筑供热计量和节能改造；实施供热管网改造 2 万 km。

2014 年 3 月，中共中央、国务院印发《国家新型城镇化规划（2014—2020 年）》，"专栏 7　绿色城市建设重点"提到，推进既有建筑供热计量和节能改造，基本完成北方供暖地区居住建筑供热计量和节能改造，积极推进夏热冬冷地区建筑节能改造。

2016 年 8 月，国务院印发《"十三五"国家科技创新规划》（国发〔2016〕43号），"专栏 15 新型城镇化技术"指出，加强绿色建筑规划设计方法与模式、近零能耗建筑、建筑新型高效供暖解决方案研究，建立绿色建筑基础数据系统，研发室内环境保障和既有建筑高性能改造技术。

2017 年 1 月，国务院印发《"十三五"节能减排综合工作方案》（国发〔2016〕74号），要求实施建筑节能先进标准领跑行动，开展超低能耗及近零能耗建筑建设试点，推广建筑屋顶分布式光伏发电。强化既有居住建筑节能改造，实施改造面积 5 亿 m² 以上，2020 年前基本完成北方供暖地区有改造价值城镇居住建筑的节能改造。

2018 年 6 月，中共中央、国务院印发《关于全面加强生态环境保护 坚决打好污染防治攻坚战的意见》指出，以北方供暖地区为重点，推进既有居住建筑节能改造。

2021 年 3 月，中共中央、国务院印发《中华人民共和国国民经济和社会发展第十四个五年规划和 2035 年远景目标纲要》中指出，"要推行城市设计和风貌管控，落实适用、经济、绿色、美观的新时期建筑方针""要推广绿色建材，建设低碳城市"。

2）国家部委对居住建筑节能发展的政策支持

1995 年 5 月，建设部印发《建筑节能"九五"计划和 2010 年规划》（建办科〔1995〕80 号），提出基本目标为：新建供暖居住建筑 1996 年以前在 1980～1981 年当地通用设计能耗水平基础上普遍降低 30%，为第一阶段；1996 年起在达到第一阶段要求的基础上节能 30%，为第二阶段；2005 年起在达到第二阶段要求的基础上再节能 30%，为第三阶段。同时指出，对供暖区热环境差或能耗大的既有建筑的节能改造工作，2000 年起重点城市成片开始，2005 年起各城市普遍开始，2010 年重点城市普遍推行。

2002 年 6 月，建设部印发《建设部建筑节能"十五"计划纲要》（建科〔2002〕175 号）。《规划》指出，"十五"期间建筑节能工作的重点是：全面执行《民用建筑节能管理规定》。北方严寒与寒冷地区城市新建供暖居住建筑全面执行节能 50% 的设计标准；积极开展城市供热体制与建筑供暖按热量计量改革；加快夏热冬冷和夏热冬暖地区居住建筑节能工作步伐。

2006 年 9 月，建设部发布《关于贯彻〈国务院关于加强节能工作的决定〉的实施意见》（建科〔2006〕231 号）。在居住建筑节能方面，提出工作目标：严寒寒冷地区新建居住建筑实现节能 2100 万 tce，夏热冬冷地区新建居住建筑实现节能 2400 万 tce，夏热冬暖地区新建居住建筑实现节能 220 万 tce。

2008 年 5 月，住房和城乡建设部、财政部印发《关于推进北方采暖地区既有居住建筑供热计量及节能改造工作的实施意见》（建科〔2008〕95 号）。工作目标："十一五"期间，启动和实施北方供暖地区既有居住建筑供热计量及节能改造面积 1.5 亿 m²。全面推进供热计量收费，实现节约 1600 万 tce。

2012 年 4 月，住房和城乡建设部、财政部印发《关于推进夏热冬冷地区既有居住建筑节能改造的实施意见》（建科〔2012〕55 号）。工作目标："十二五"期间，夏热冬冷地区力争完成既有居住建筑节能改造面积 5000 万 m² 以上。积极探索适用夏热冬冷地区的既有建筑节能改造技术路径及融资模式，完善相关政策、标准、技术及产品体系，为大规模实施节能改造提供支撑。

2012 年 5 月，住房和城乡建设部印发《"十二五"建筑节能专项规划》（建科〔2012〕72 号）。《规划》提出，深入开展北方供暖地区既有居住建筑供热计量及节能改造，试点夏热冬冷地区节能改造。

2017 年 3 月，住房和城乡建设部印发《建筑节能与绿色建筑发展"十三五"规划》（建科〔2017〕53 号），提出以"加快提高建筑节能标准及执行质量""全面推动绿色建筑发展量质齐升""稳步提升既有建筑节能水平""深入推进可再生能源建筑应用""积极推进农村建筑节能"作为"十三五"时期的主要任务。

2017 年 4 月，住房和城乡建设部印发《建筑业发展"十三五"规划》（建市〔2017〕98 号），提出推动北方供暖地区城镇新建居住建筑普遍执行节能 75％的强制性标准，持续推进既有居住建筑节能改造，深入推进可再生能源建筑应用。

1.3 标准规范

1）居住建筑节能设计标准

我国从 20 世纪 80 年代开始颁布实施居住建筑节能设计标准，最早于 1986 年颁布《民用建筑节能设计标准（采暖居住建筑部分）》JGJ 26—86（试行），确立了我国建筑节能设计标准编制的基本思路及方法，即将 1980～1981 年各地通用住宅设计作为居住建筑的"基础建筑"。换言之，采用该年代的典型居住建筑的围护结构热工参数构成的建筑，采用该年代供暖设备的能效，在保持合理室内热环境参数情况下，计算全年供暖的能耗并认作为 100％，以此为基础不断提升节能目标。这与国际上确定节能目标的思路大致相同，如法国是以能源危机前的住宅建筑能耗为基数，第一次规定降低 25％，以后又在已降低数的基础上两次分别再降低 25％，后来又按照不同建筑类型分别降低 25％和 40％。

《民用建筑节能设计标准（采暖居住建筑部分）》JGJ 26—86（试行）主要适用于设置集中供暖的新建和扩建居住建筑及居住区供暖系统的节能设计，节能率为 30％，这标志着我国建筑节能开始起步。1995 年对 JGJ 26 标准进行了修订，提出节能 50％的要求；2010 年对 JGJ 26 标准再次修订，更名为《严寒和寒冷地区居住建筑节能设计标准》，提出节能 65％的要求；2018 年又对 JGJ 26 标准进行了修订，提出节能 75％的要求，给出了主要城镇新建居住建筑设计供暖年累计热负荷和能耗值。历年来严寒和寒冷地区居住建筑节能设计标准框架变化情况，见图 1.3-1。

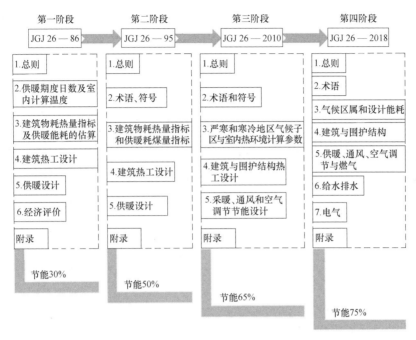

图 1.3-1 严寒和寒冷地区居住建筑节能设计标准框架变化情况

建设部于 2001 年颁布《夏热冬冷地区居住建筑节能设计标准》JGJ 134—2001，该标准适用于夏热冬冷地区新建、改建和扩建居住建筑的建筑节能设计；要求居住建筑通过采用增强建筑围护结构保温隔热性能和提高供暖、空调设备能效比的节能措施，在保证相同的室内热环境指标的前提下，与未采取节能措施前相比，供暖、空调能耗节约 50%。2010 年进行了修订，重新确定了住宅的围护结构热工性能要求和控制供暖空调能耗指标的技术措施，建立了新的建筑围护结构热工性能综合判断方法，规定了供暖空调的控制和计量措施。历年来夏热冬冷地区居住建筑节能设计标准框架变化情况，见图 1.3-2。

建设部于 2003 年推出《夏热冬暖地区居住建筑节能设计标准》JGJ 129—2003，该标准适用于夏热冬暖地区新建、扩建和改建居住建筑的建筑节能设计；要求居住建筑通过采用合理节能建筑设计，增强建筑围护结构隔热、保温性能和提高空调、供暖设备能效比的节能措施，在保证相同的室内热环境的前提下，与未采取节能措施前相比，全年空调、供暖总能耗减少 50%。2012 年进行了修订，标准将窗地面积比作为评价建筑节能指标的控制参数；规定了建筑外遮阳、自然通风的量化要求；增加了自然采光、空调和照明等系统的节能设计要求等。历年来夏热冬暖地区居住建筑节能设计标准框架变化情况，见图 1.3-3。

住房和城乡建设部于 2019 年发布《温和地区居住建筑节能设计标准》JGJ 475—2019，这预示着覆盖全国各个气候带居住建筑的节能标准进入全面实施阶段。该标准

采暖、空调能耗节约50%

图 1.3-2　夏热冬冷地区居住建筑节能设计标准框架变化情况

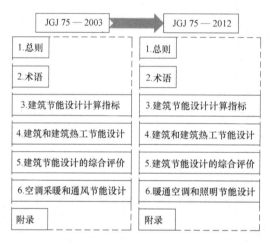

全年空调和采暖总能耗节约50%

图 1.3-3　夏热冬暖地区居住建筑节能设计标准框架变化情况

主要包括：1. 总则、2. 术语、3. 气候子区与室内节能设计计算指标、4. 建筑和建筑热工节能设计、5. 围护结构热工性能的权衡判断、6. 供暖空调节能设计、附录等。

2）居住建筑节能改造技术规程

受建造时技术水平和经济条件等的限制，加之围护结构部件和设备系统的老化、维护不及时等原因，既有居住建筑室内热环境质量相对较差、能耗较高。另外，由于我国仍然还有大量既有建筑没有按照节能设计标准建成，或者有相当数量的、位于严寒和寒冷地区的居住建筑是按照节能率30%建造的，需要进行节能改造。

相应地，国家实施了既有居住建筑节能改造，并于2000年10月发布行业标准《既有采暖居住建筑节能改造技术规程》JGJ 129—2000，标准适用于我国严寒及寒冷地区设置集中供暖的既有居住建筑节能改造。修订版的标准于 2013 年 3 月起实施，即行业标准《既有居住建筑节能改造技术规程》JGJ/T 129—2012，该版标准将适用范围扩大到夏热冬冷地区和夏热冬暖地区；规定了在制定节能改造方案前对供暖空调能耗、室内热环境、围护结构、供暖系统进行现状调查和诊断，不同气候区的既有居住建筑节能改造方案应包括的内容，不同气候区的既有居住建筑围护结构改造内容、重点和技术要求，以及热源、室外管网、室内系统、热计量的改造要求。历年来既有居住建筑节能改造技术标准框架变化情况，见图 1.3-4。

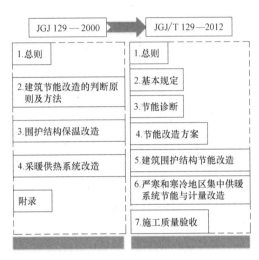

图 1.3-4 既有居住建筑节能改造技术标准框架变化情况

经济的发展和生活水平的提高，使得用能等需求不断增长，建筑能耗总量和能耗强度上行压力不断加大，这对做好节能改造工作提出了更新、更高的要求。中国建筑科学研究院有限公司会同有关单位编制了团体标准《既有居住建筑低能耗改造技术规程》T/CECS 803—2021，并于 2021 年 6 月 1 日起实施。《规程》共包括 7 章和 1 个附录，主要技术内容包括：1. 总则、2. 术语、3. 基本规定、4. 诊断评估、5. 改造设计、6. 施工验收、7. 运行维护等。

《规程》给出了既有居住建筑"低能耗改造"的定位，涉及建筑、暖通空调、给水排水、电气等各专业；规范了不同气候区既有居住建筑低能耗改造的设计指标体系，以及相关的技术措施、材料、设备及产品等。其中，"低能耗改造"是指将建筑的围护结构、用能设备及系统等进行改造，依据建筑所处的气候区，其能耗水平应与行业标准《严寒和寒冷地区居住建筑节能设计标准》JGJ 26—2018 一致，或较行业标准《夏热冬冷地区居住建筑节能设计标准》JGJ 134—2010、《夏热冬暖地区居住建筑节能设计标准》JGJ 75—2012、《温和地区居住建筑节能设计标准》JGJ 475—2019 降低 30%。定量表征了既有居住建筑改造后的能耗水平，同时考虑了与国家居住建筑节能设计标准的衔接。

1.4 机遇与挑战

虽然我国建筑节能取得了系列成果，建筑节能的政策标准不断完善，节能技术及产品也逐渐成熟，但随着我国城镇化进程的加快和消费结构持续升级、能源需求刚性增长，资源环境问题仍是制约我国经济社会发展的瓶颈之一。2020 年 9 月 22 日，习近平主席在第七十五届联合国大会一般性辩论上讲话时郑重承诺，中国将提高国家自主贡献力度，采取更加有力的政策和措施，CO_2 排放力争于 2030 年前达到峰值，努力争取 2060 年前实现碳中和。这一目标的提出，表明了我国对保护全球环境的决心，也对建筑节能减排工作提出了更高的要求。

据初步测算，我国既有建筑已超过 600 亿 m^2，其中城镇居住建筑约 250 亿 m^2。为落实节约资源、保护环境的基本国策，我国正在积极开展并将长期持续实施大规模的既有居住建筑节能改造。如中央城市工作会议、国家新型城镇化规划、"十三五"节能减排综合工作方案均提出或部署了推进或加快老旧小区改造的工作。因既有居住建筑体量大、建设标准要求不一，能耗总量和能耗强度上行压力大。特别是建筑节能设计标准颁布实施前建造的居住建筑，面临的情况更为严重。因此，将低能耗改造目标纳入既有居住建筑改造工作中来，是未来的发展方向和趋势。但我国建筑节能发展仍面临着许多新的机遇和挑战：

（1）建筑节能标准要求与同等气候条件发达国家相比仍然偏低，标准执行质量参差不齐。

（2）城镇既有建筑中仍有大量的非节能建筑，能源利用效率较低，居住舒适度较差，可再生能源在建筑领域应用形式单一，与建筑一体化程度不高。

（3）绿色节能建筑材料质量对工程的支撑保障能力不强。

（4）主要依靠行政力量约束及财政资金投入推动，市场配置资源的机制尚不完善。

未来在进行既有居住建筑低能耗改造时，除了应当考虑当时建筑能耗的平均水平外，需继续与国家层面不断更新的能源消费总量控制和节能减排目标紧密结合。只有这样，才能真正有的放矢，定量可控。

1.5 改造流程

我国不同气候区居住建筑的建造年代、建筑热工性能、建筑设备和系统能效等存在差异，因此，既有居住建筑低能耗改造时需遵循因地制宜、安全可靠、绿色环保、经济实用等原则，对既有居住建筑的结构、室内热环境、围护结构、设备系统等进行诊断，结合改造需求、低能耗目标及路径，分析改造必要性、技术可行性及经济可行性，最终出具综合评估报告，并根据综合评估报告选用相应适宜性技术，具体流程参见图 1.5-1。

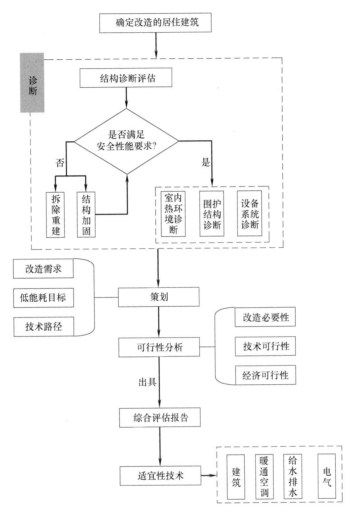

图 1.5-1 既有居住建筑低能耗改造流程

诊断和评估对改造方案的制定具有重要的支撑作用。通过诊断和评估可以对既有居住建筑的能耗现状、室内热环境、建筑热工性能、建筑设备系统能效等进行全面了解，以此确定既有居住建筑低能耗改造的可行性，进而最大限度地挖掘围护结构和建筑设备系统的节能潜力，为改造目标、改造设计、技术选用等提供主要依据。改造方案的制定需重点结合建筑、暖通空调、给水排水、电气等各专业诊断评估的结果。同时，既有居住建筑所处地区的经济、社会发展水平和地理气候条件不同，改造时还需对改造必要性、技术可行性、经济实用性、社会环境效益等进行全面的研究分析。

参 考 文 献

[1] 中国建筑科学研究院. 民用建筑节能设计标准（采暖居住建筑部分）：JGJ 26—86 [S]. 北京：中国建筑工业出版社，1986.

[2] 中国建筑科学研究院. 民用建筑节能设计标准（采暖居住建筑部分）：JGJ 26—95 [S]. 北京：中国建筑工业出版社，1996.

[3] 中国建筑科学研究院. 严寒和寒冷地区居住建筑节能设计标准：JGJ 26—2010 [S]. 北京：中国建筑工业出版社，2010.

[4] 中国建筑科学研究院有限公司. 严寒和寒冷地区居住建筑节能设计标准：JGJ 26—2018 [S]. 北京：中国建筑工业出版社，2019.

[5] 中国建筑科学研究院，重庆大学. 夏热冬冷地区居住建筑节能设计标准：JGJ 134—2001 [S]. 北京：中国建筑工业出版社，2001.

[6] 中国建筑科学研究院. 夏热冬冷地区居住建筑节能设计标准：JGJ 134—2010 [S]. 北京：中国建筑工业出版社，2010.

[7] 中国建筑科学研究院，广东省建筑科学研究院. 夏热冬暖地区居住建筑节能设计标准：JGJ 75—2003 [S]. 北京：中国建筑工业出版社，2003.

[8] 中国建筑科学研究院，广东省建筑科学研究院. 夏热冬暖地区居住建筑节能设计标准：JGJ 75—2012 [S]. 北京：中国建筑工业出版社，2013.

[9] 云南省建设投资控股集团有限公司，云南工程建设总承包股份有限公司. 温和地区居住建筑节能设计标准：JGJ 475—2019 [S]. 北京：中国建筑工业出版社，2019.

[10] 北京中建建筑设计院. 既有采暖居住建筑节能改造技术规程：JGJ 129—2000 [S]. 北京：中国建筑工业出版社，2000.

[11] 中国建筑科学研究院. 既有居住建筑低能耗改造技术规程：JGJ/T 129—2012 [S]. 北京：中国建筑工业出版社，2012.

[12] 中国建筑科学研究院有限公司. 既有居住建筑低能耗改造技术规程：T/CECS 803—2021 [S]. 北京：中国建筑工业出版社，2021.

[13] 中国建筑科学研究院有限公司，河北省建筑科学研究院. 近零能耗建筑技术标准：GB/T 51350—2019 [S]. 北京：中国建筑工业出版社，2019.

[14] 邹瑜，郎四维，徐伟，等. 中国建筑节能标准发展历程及展望 [J]. 建筑科学，2016，32（12）：1-5＋12.

[15] 徐伟，邹瑜，孙德宇，等. 《被动式超低能耗绿色建筑技术导则》编制思路及要点 [J]. 建设科技，2015，302（23）：17-21.

[16] 住房和城乡建设部标准定额研究所. 中国民用建筑能耗总量控制策略 [M]. 北京：中国建筑工业出版社，2016.

2　诊断评估

既有居住建筑低能耗改造项目实施前，诊断和评估对改造方案的制定具有重要的支撑作用。通过诊断和评估可以对既有居住建筑的能耗现状、室内热环境、建筑热工性能、建筑设备系统能效等进行全面了解，以此确定既有居住建筑低能耗改造的可行性，进而最大限度地挖掘围护结构和建筑设备系统的节能潜力，为改造目标、改造设计、技术选用等提供主要依据。

其中，结构、抗震关系到居住建筑安全和使用寿命，因此既有居住建筑低能耗改造实施前，应根据国家现行的结构、抗震规范进行评估，并根据评估结论确定是否需要同步实施安全和低能耗改造。

2.1　室内热环境

建筑节能的目的是降低建筑能耗、改善室内热环境。就既有居住建筑低能耗改造而言，改善室内热环境是其主要工作目标之一。居住建筑热环境状况是其节能性能的综合表现，是居住建筑是否需要低能耗改造的主要判断依据之一。室内热环境诊断是既有居住建筑进行低能耗改造的先导工作，既要判断是否需要改造，也要对如何改造提出指导性意见，因此诊断内容、诊断方法和诊断过程必须符合相关标准的规定。目前国家相关标准主要包括《民用建筑热工设计规范》GB 50176、《民用建筑供暖通风与空气调节设计规范》GB 50736、《严寒和寒冷地区居住建筑节能设计标准》JGJ 26、《夏热冬冷地区居住建筑节能设计标准》JGJ 134、《夏热冬暖地区居住建筑节能设计标准》JGJ 75、《温和地区居住建筑节能设计标准》JGJ 475等。

2.1.1　诊断内容

既有居住建筑室内热环境诊断内容主要包括室内空气温度、室内空气相对湿度、外围护结构内表面温度、建筑室内通风状况，以及住户对室内温度、湿度的主观感受等。

室内热环境评价指标主要包括室内空气温度、相对湿度、风速和辐射温度（即室内壁面温度）等。根据国家标准《民用建筑热工设计规范》GB 50176—2016，冬季室内温度供暖房间取18℃，非供暖房间取12℃，相对湿度一般房间取30%～60%。夏季空调房间的空气温度取26℃，非空调房间空气温度平均值取室外空气温度平均值＋1.5℃，温度波幅取室外空气温度波幅—1.5℃，并将其逐时化，相对湿度取60%。

严寒和寒冷地区的居住建筑节能设计标准对室内相对湿度没有要求，但在对既有居住建筑进行现场调查时，检测相对湿度可帮助判断外围护结构内表面结露发霉的原因。

冬季，严寒和寒冷地区外围护结构内表面温度不应低于室内空气的露点温度。夏季，夏热冬冷、夏热冬暖和温和地区自然通风房间外围护结构内表面温度不应高于当地夏季室外计算温度最高值。外围护结构内表面温度的诊断，在严寒和寒冷地区应包括热桥等易结露部位的内表面温度，在夏热冬冷、夏热冬暖和温和地区应包括屋面和西墙的内表面温度。

建筑室内通风状况也是影响建筑热舒适、能耗的重要因素。特别是在夏热冬冷、夏热冬暖和温和地区，通风和遮阳是改善室内舒适性的主要措施。因此，这三个地区的诊断评估报告应包括通风状况。

2.1.2 诊断方法

供暖、空调季节分别是一年中最冷、最热的季节，因此室内热环境诊断应在这两个季节进行。夏热冬冷、夏热冬暖和温和地区过渡季节的居住建筑室内热环境状况是其热工性能的综合表现，对室内舒适度和建筑能耗都有很大影响。因此，这些地区的室内热环境诊断还宜包括过渡季节，且应在自然通风状态下进行。

既有居住建筑室内热环境诊断，采用现场调查和室内热环境状况检测为主、住户问卷调查为辅的方法。住户的热环境感受与其年龄、性别、体质、衣着、活动等有关，个体之间会存在较大的差异。同时，既有居住建筑室内热环境的实际状况与设计参数往往相差很大。因此，室内热环境诊断时，应采用现场调查和检测的方法，住户问卷调查可作为辅助手段。住户问卷调查可以采用现场调查，也可以采用非现场式远程问卷调查。

我国各地区的气候差异大，居住建筑室内热环境诊断时，应根据建筑所处气候区，对诊断内容进行选择性检测。严寒和寒冷地区、温和地区应检测冬季室内空气温度、室内空气相对湿度和外围护结构内表面温度（包括热桥等易结露部位的内表面温度），以及夏季室内通风状况等。夏热冬冷地区、夏热冬暖地区北区应检测冬季和夏季的室内空气温度、室内空气相对湿度、夏季外围护结构内表面温度（包括屋面和西墙的内表面温度），以及春、夏和秋季室内通风状况等。夏热冬暖地区南区的室内热环境检测应在夏季进行，内容包括室内空气温度、室内空气相对湿度、外围护结构内表面温度（包括屋面和西墙的内表面温度），以及室内通风状况等。检测方法应按照现行行业标准《居住建筑节能检测标准》JGJ/T 132 的相关规定执行。

室内通风状况诊断包括定性和定量两种方式，评价其是否符合现行国家标准《住宅设计规范》GB 50096 的要求。定性诊断通过查阅图纸、现场调查和问卷调查等，要求卧室、起居室（厅）、厨房应有自然通风，宜有良好的穿堂风，通风区域覆盖人员活动范围，通风路线应由洁到污，没有由污到洁现象。定量诊断包括测试风速和计算自然通风开口面积。测试风速可依据现行行业标准《建筑通风效果测试与评价标准》JGJ/T 309，要求住宅卧室、起居室人员活动区的风速，夏季空调不大于0.3m/s，冬季供暖不大于0.2m/s，过渡季自然通风状态下为0.3～0.8m/s。自然通风开口面积计算依据现行国家标准《住宅设计规范》GB 50096，每套住宅的自然通风开口面积不应小于地面面积的5%；卧室、起居室（厅）、明卫生间的直接自然通风开口面积不应小于该房间地板面积的1/20；当采用自然通风的房间外设置阳台时，阳台的自然通风开口面积不应小于采用自然通风的房间和阳台地板面积总和的1/20；厨房的直接自然通风开口面积不应小于该房间地板面积的1/10，并不得小于0.60m²；当厨房外设置阳台时，阳台的自然通风开口面积不应小于厨房和阳台地板面积总和的1/10，并不得小于0.60m²。

按上述内容和方法诊断完成后，形成诊断结果，填写本书附录中的评估表。

2.1.3 诊断案例

1）基本信息

长沙市望城区第一中学教师公寓楼，夏季闷热，冬季湿冷。该地区年降水量大，春末夏初多为阴雨天气，空气湿度大。校内教师公寓1号、2号、3号楼均为砖混结构，其中1号、2号楼共4层，3号楼共3层。自建成投入使用已有二十多年，各建筑具体概况详见表2.1-1。

教师公寓1号、2号、3号楼建筑概况　　　　　　　　　　表2.1-1

楼栋	层数	围护结构	备注
1	4	240mm 厚砖墙＋外刷涂料 钢筋混凝土双层通风屋面，通风间层为500mm 普通单玻木窗外加塑料雨阳篷	分体空调 电暖器
2	4	240mm 厚砖墙＋外刷涂料 钢筋混凝土屋面板＋200mm 高架空通风间层＋40mm 厚细石混凝土板 普通单玻木窗，外加塑料雨阳篷/铝合金单玻窗	分体空调 电暖器
3	3	240mm 厚砖墙＋水泥砂浆找平＋水刷石外饰面 120mm 厚预制板＋水泥砂浆找平＋架空通风坡屋面 南向为普通单玻木窗，外部有阳台，北向为铝合金单玻窗，无阳台	分体空调 电暖器

2）诊断目的

确定公寓楼室内热环境现状，汇总分析存在的问题，为低能耗改造提供依据。

3）诊断方法

查阅图纸、用户现场问卷调查、现场抽检。

4）具体实施

查阅该项目竣工图，整理搜集建筑基本信息（图2.1-1、图2.1-2）。

（1）问卷调查

结合住宅区使用特性和建筑基本信息，编制调查问卷，调查住户对室内热环境的主观感受。

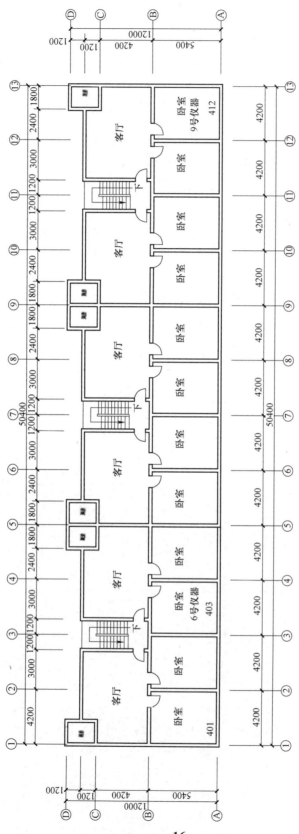

图 2.1-1 教师公寓1号、2号楼平面图

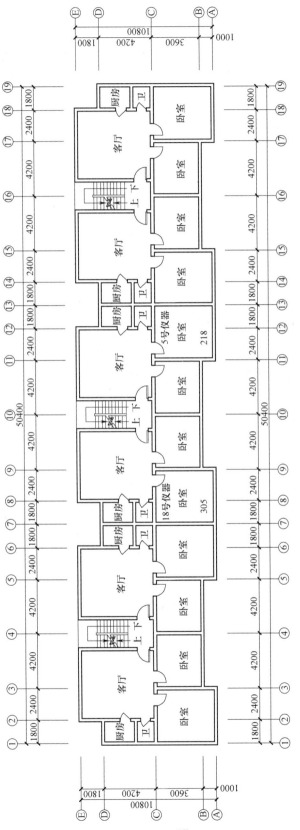

图 2.1-2 教师公寓 3 号楼平面图

公寓楼 1 号、2 号、3 号楼共 66 户住户，根据约 21% 的用户问卷调查结果，该住宅区建筑存在以下问题：

① 室内夏季闷热，冬季湿冷；

② 顶层住户夏季室内温度较其他楼层高；

③ 室内衣物和墙壁发霉现象普遍；

④ 过渡季节低楼层公共楼道和室内地面返潮严重；

⑤ 冬季室内渗风，门窗紧闭也感觉有凉风。

（2）现场抽检

根据用户舒适度主观感受调查结果，2017 年 9 月和 2018 年 2 月对该住宅建筑进行现场抽检。

5）抽检结果及分析

（1）建筑现状

针对本项目进行现状调查，结论见表 2.1-2。

建筑现状调查　　　　　　　　　　　　　　　　表 2.1-2

建筑	现状	存在问题
1号楼	 架空通风屋面  240mm 厚砖墙＋外刷涂料  普通单玻木窗外加塑料雨阳篷	屋面、外墙面破损严重 木窗框变形严重 雨篷破损

建筑	现状	存在问题
2号楼	架空通风屋面 240mm厚砖墙+外刷涂料 普通单玻木窗外加塑料雨阳篷/铝合金单玻窗	屋面、外墙面破损严重 木窗框变形严重 雨篷破损
3号楼	架空通风坡屋面 240mm厚砖墙+水泥砂浆找平+水刷石外饰面	屋面破损严重 木窗框变形严重

建筑	现状	存在问题
3号楼	 南向为普通单玻木窗，北向为铝合金单玻窗	屋面破损严重 木窗框变形严重

（2）夏季屋面内表面温度测试情况及分析（表2.1-3）

屋面内表面温度测试表　　　　　　　　　　　表2.1-3

建筑	屋面	房间	仪器编号
1号楼	传统架空通风屋面	顶层南向中间户405	7号仪器
3号楼	架空通风坡屋面	顶层南向中间户305	18号仪器
对比	卷材防水平屋面	顶层南向房间	1号仪器
室外	—	—	13号仪器

经测试，3种屋面的内表面温度变化趋势基本相同，但卷材防水屋面受室外环境影响波动最为明显，架空通风坡屋面次之。传统架空通风屋面相比波动平缓，受室外环境温度影响变化较小。架空通风坡屋面和卷材屋面内表面最高和最低温度的时间段基本相同，传统架空通风屋面内表面最高和最低温度出现时间相比延迟。

（3）夏季外墙内表面温度测试情况及分析（表2.1-4）

外墙内表面温度测试表　　　　　　　　　　　表2.1-4

建筑	外墙现状	房间	备注
3号楼	240mm厚砖墙+水泥砂浆找平+水刷石饰面	中间层南向西山墙	测内表面温度
对比	240mm厚砖墙+水泥砂浆找平+瓷砖	中间层南向西山墙	测内表面温度

经检测，3号楼外墙内表面最高温度为29.2℃，较瓷砖墙面内表面最高温度（32℃）低2.8℃。3号楼外墙内表面平均温度为27.1℃，较瓷砖墙面内表面平均温度（29.4℃）低2.3℃。

（4）室内温度测试情况及分析（表2.1-5）

1号楼顶层房间室内温度波动较3号楼平缓，3号楼受室外环境影响变化更为明显。与室外空气最高温度和最低温度出现的时间相比，虽然出现的时间都有延迟，但1号楼延迟更为明显。3号楼的顶层房间室内平均温度值较1号楼略低。对比室内最高温度，3号楼较1号楼略高（表2.1-6）。

夏季顶层房间测试表 表 2.1-5

建筑	围护结构	房间	仪器编号
1 号楼	传统架空通风屋面 240mm 厚砖墙＋外刷涂料 普通单玻木窗外加塑料雨阳篷	顶层南向 中间户 405	7 号仪器
3 号楼	架空通风坡屋面 240mm 厚砖墙＋水刷石外饰面 南向为普通单玻木窗,外部有阳台,北向 为铝合金单玻窗,无阳台	顶层南向 中间户 305	18 号仪器
室外	—	—	13 号仪器

夏季中间楼层房间测试表 表 2.1-6

建筑	围护结构	房间	夏季
2 号楼	240mm 厚砖墙＋外刷涂料 普通单玻木窗外加塑料雨阳篷/铝合金单玻窗	中间层南向 中间户 204	8 号仪器
3 号楼	240mm 厚砖墙＋外部水刷石 南向为普通单玻木窗,外部有阳台,北向为铝合金单 玻窗,无阳台	中间层南向 中间户 208	5 号仪器
室外	—	—	13 号仪器

2 号和 3 号楼的中间楼层房间温度变化趋势基本相同,最高、最低温度出现的时间段也基本相同。相对室外温度变化,2 号楼室内温度波动较 3 号楼平缓。

室内最高温度出现时刻大致相同,2 号楼比 3 号楼的中间楼层房间室内温度低 1.1℃。房间平均温度相差不大,2 号楼比 3 号楼的中间楼层房间平均温度高 0.2℃。

对比三栋楼的顶层和中间楼层房间室内温度,平均温度相差不大,但顶层略高。最高温度中间楼层房间较顶层均高 2℃,最高温度出现时刻大致相同,均在 15：30 左右(表 2.1-7)。

冬季中间楼层房间测试表 表 2.1-7

建筑	围护结构	房间	仪器编号
2 号楼	240mm 厚砖墙＋外刷涂料 铝合金单玻窗＋雨阳篷	中间层南向中间户 203	12 号仪器
对比	240mm 厚砖墙＋瓷砖 铝合金单玻窗＋贴膜	中间层南向中间户 403	19 号仪器
室外	—	—	16 号仪器

根据上述结果,顶层房间室内最高温度比中间楼层房间略低,这是因为通风屋面利用架空板形成空腔,避免了太阳直射,减少了屋面热量向室内传导;利用自然通风的对流将热气带走,加快屋面热量的散发;但因使用年限较长,现场多处破损严重,隔热效果大打折扣。

测试结果显示,2 号楼冬季中间楼层房间温度波动较大,受室外温度变化影响较明显。与对比建筑相比,两个房间平均温度基本相同,但 2 号楼冬季房间室内最高温度高出约 2℃，最低温度低 1.4℃。

（6）结论

根据调查问卷和现场抽检结果，1号、2号、3号公寓楼室内热环境受室外环境气候变化影响较大，建筑外围护结构多处破损严重，夏季隔热效果差，冬季保温性能差。因窗框变形，冬季室内漏风严重。另外，室内潮湿导致墙面发霉，低楼层尤为明显。因此，为改善室内热环境，提高室内舒适度，建议优先进行建筑外围护结构改造，包括更换使用气密性好的中空玻璃窗并配合加装雨阳篷；进行屋面和外墙保温隔热改造，屋面可采用通风屋面加种植模块。

2.2 围护结构

围护结构是建筑与室外空气直接接触的部位，分为非透明围护结构和透明围护结构，具体包括屋面、外墙、地面以及外门、外窗等。建筑遮阳能有效控制室内太阳辐射得热，降低建筑供冷能耗，同时也能改善室内光环境。建筑遮阳与外窗的有机结合，可以提高建筑围护结构的热工性能。建筑围护结构热工性能的优劣关系到建筑室内热环境的好坏以及建筑能耗的大小。据统计，建筑围护结构的能源消耗约占建筑整体能耗的 70%～80%。因此，有必要对既有居住建筑围护结构的热工性能进行诊断，具体包括对非透明围护结构、透明围护结构以及遮阳系统的诊断，为后续的低能耗改造提供依据。

2.2.1 诊断内容

围护结构热工性能诊断主要针对屋面、外墙、外窗、遮阳设施等构件开展，具体诊断内容指标如表 2.2-1 所示。

围护结构热工性能诊断内容　　　　　　　　　　　　　　表 2.2-1

诊断内容	二级内容	诊断指标	性能参数
围护结构 热工性能	屋面	传热系数 W/(m²·K)	严寒 A 区：≤0.15 严寒 B 区、C 区：≤0.20 寒冷 A 区：≤0.25 寒冷 B 区：≤0.30 夏热冬冷 A 区、B 区：≤0.40 夏热冬暖 A 区、B 区：≤0.40 温和 A 区：≤0.55 温和 B 区：≤0.70
	外墙		严寒 A 区、B 区：≤0.25/≤0.35(≤3 层/≥4 层) 严寒 C 区：≤0.30/≤0.40(≤3 层/≥4 层) 寒冷 A 区、B 区：≤0.35/≤0.45(≤3 层/≥4 层) 夏热冬冷 A 区：≤0.60/≤1.00(热惰性指标 D≤2.5/D>2.5) 夏热冬冷 B 区：≤0.80/≤1.20(D≤2.5/D>2.5) 夏热冬暖 A 区、B 区：≤0.70/≤1.50(D≤2.5/D>2.5) 温和 A 区：≤0.70 温和 B 区：≤1.40

诊断内容	二级内容	诊断指标	性能参数
围护结构热工性能	热桥部位	冬季内表面温度	高于房间空气露点温度
	外窗	传热系数 W/(m²·K)	严寒A区:≤1.40/≤1.60(≤3层/≥4层) 严寒B区: ≤1.40/≤1.80(≤3层/≥4层)(窗墙比≤0.30) ≤1.40/≤1.60(≤3层/≥4层)(0.30<窗墙比≤0.45) 严寒C区: ≤1.60/≤2.00(≤3层/≥4层)(窗墙比≤0.30) ≤1.40/≤1.80(≤3层/≥4层)(0.30<窗墙比≤0.45) 寒冷A区: ≤1.80/≤2.20(≤3层/≥4层)(窗墙比≤0.30) ≤1.50/≤2.00(≤3层/≥4层)(0.30<窗墙比≤0.50) 寒冷B区: ≤1.80/≤2.20(≤3层/≥4层)(窗墙比≤0.30) ≤1.50/≤2.00(≤3层/≥4层)(0.30<窗墙比≤0.50) 夏热冬冷A区: ≤2.80(窗墙比≤0.25) ≤2.50(0.25<窗墙比≤0.40) ≤2.20(0.40<窗墙比≤0.60) 夏热冬冷B区: ≤2.80(窗墙比≤0.40),≤2.50(0.40<窗墙比≤0.60) 夏热冬暖A区: ≤3.00(窗墙比≤0.35),≤2.50(0.35<窗墙比≤0.40) 夏热冬暖B区:(西向/东、南向/北向) ≤3.50(窗墙比≤0.35),≤300(0.35<窗墙比≤0.40) 温和A区:≤2.00,温和B区:≤3.20
		气密性等级	严寒和寒冷地区:不低于7级 夏热冬冷、夏热冬暖和温和地区:不低于6级
	遮阳设施	透光围护结构太阳得热系数夏季限定东、西向冬季限定南向	严寒A区、B区、C区、寒冷A区:- 寒冷B区:夏季≤0.55(0.30<窗墙比≤0.40) 夏季≤0.50(0.30<窗墙比≤0.40) 夏热冬冷A区: 夏季≤0.40(0.25<窗墙比≤0.40) 夏季≤0.25/冬季≤0.50(0.40<窗墙比≤0.60) 夏热冬冷B区: 夏季≤0.40(0.25<窗墙比≤0.40) 夏季≤0.25/冬季≤0.50(0.40<窗墙比≤0.60) 夏热冬暖A区:(西向/东、南向/北向) ≤0.35/≤0.35/≤0.35(窗墙比≤0.25) ≤0.30/≤0.30/≤0.35(0.25<窗墙比≤0.35) ≤0.20/≤0.30/≤0.35(0.35<窗墙比≤0.40) 夏热冬暖B区:(西向/东、南向/北向) ≤0.30/≤0.35/≤0.35(窗墙比≤0.25) ≤0.25/≤0.30/≤0.30(0.25<窗墙比≤0.35) ≤0.20/≤0.30/≤0.30(0.35<窗墙比≤0.40) 温和A区:冬季≥0.50 温和B区:夏季≤0.30

来源:《既有居住建筑低能耗改造技术规程》T/CECS 803—2021。

围护结构的保温性能主要受传热系数、热桥部分以及气密性的影响。传热系数反映了传热过程的强弱,结合围护结构的面积,可以体现建筑物的换热量。气密性是保证建筑物外门、外窗保温性能的指标之一，直接关系到外门、外窗的冷风渗透热损失。尤其对于严寒或寒冷地区，由于室内外温差较大，冷风渗透所造成的热量损失也大，因此更应当注意提高围护结构的气密性等级，以降低建筑能耗。遮阳设施可以降低太阳辐射热对室内的影响，节约能源，提高室内舒适度。因此，在进行低能耗改造之前，针对非透明围护结构，应重点诊断其传热系数，并对是否存在大面积的热桥进行判断；针对透明围护结构，要兼顾对其传热系数以及气密性的诊断；针对遮阳设施，要重点诊断遮阳材料的光学性能，同时也要对其结构尺寸、安装位置、安装角度、转动或活动范围进行检测。

2.2.2 诊断方法

表 2.2-2 针对围护结构不同部位所需诊断的热工性能，概括了相应的诊断方法。

<table>
<tr><td colspan="3" align="center">围护结构热工性能诊断方法　　　　　　　　　　　　表 2.2-2</td></tr>
<tr><td></td><td align="center">诊断内容</td><td align="center">诊断方法</td></tr>
<tr><td rowspan="3" align="center">非透明围护结构</td><td rowspan="2" align="center">传热系数</td><td align="center">热流计法</td></tr>
<tr><td align="center">热箱法</td></tr>
<tr><td align="center">热桥</td><td align="center">红外热像成像</td></tr>
<tr><td rowspan="2" align="center">透明围护结构</td><td align="center">传热系数</td><td align="center">标定热箱法</td></tr>
<tr><td align="center">气密性</td><td align="center">检测单一构件的气密性</td></tr>
<tr><td rowspan="2" align="center">遮阳设施</td><td rowspan="2" align="center">遮阳系数</td><td align="center">光学性能法</td></tr>
<tr><td align="center">人工光源法</td></tr>
</table>

1）非透明围护结构

非透明围护结构包括屋面、外墙、地面等，对其保温性能的诊断宜按照下列步骤进行：

a. 查阅屋面和外墙竣工图及设计说明，了解建筑外围护结构的构造做法，所用建筑材料规格、参数以及设计变更等基本信息。

b. 现场勘查围护结构外观是否有损，并查看实际施工做法与竣工图纸设计是否一致以及保温材料的实际使用情况和完好程度。

c. 对建筑外立面进行红外诊断，根据红外热成像情况对屋面和外墙结构状况进行现场检查和热工性能缺陷分析，通过红外检查综合判断屋面和外墙温度场的均匀性。

d. 当检测结果发现热工缺陷时，测试屋面和外墙的传热系数，以明确其是否达到现行建筑节能设计标准要求。若所使用建筑材料符合标准前提下出现围护结构破损且热成像的温度分布严重不均，则可初步判定施工质量不达标。

e. 检测结果形成分析报告，并与屋面和外墙竣工图以及现行的居住建筑节能设计标准进行对照。当不满足标准规定时，应开展改造工作。

（1）传热系数诊断

非透明围护结构传热系数的检测方法有两种，一种是热流计法，另一种是热箱法，其中热流计法更适用于现场检测。不论使用何种检测方法，首先需要明确检测条件。根据行业标准《居住建筑节能检测标准》JGJ/T 132—2009，围护结构主体部分传热系数的检测宜在受检围护结构施工完成至少 12 个月后进行。检测时间宜选在最冷月，且应避开气温剧烈变化的天气。对设置供暖系统的地区，应在人为适当地提高室内温度后进行检测；其他季节，可采取人工加热或制冷的方式建立室内外温差。围护结构高温侧表面温度应高于低温侧 10℃以上，且在检测过程中的任何时刻均不得等于或低于低温侧的表面温度。

① 热流计法

围护结构主体部分传热系数的现场检测宜采用热流计法。

热流计法的检测原理：试件在稳态下具有一维恒定热流，通过测量试件的热流密度及其两侧表面的温度，即可计算出试件的传热系数。热流计法的检测设备主要有热流计和温度传感器。

热流计法的检测步骤如下：

a. 选择测点。采用红外热像仪测试待测部位，选取表面温度分布温差不大于 0.5℃的区域，检测区域不应小于 1.2m×1.2m。被测部位应避开存在热工缺陷的部位，且要避免冷热源及通风气流的影响和雨雪侵袭。

b. 安装热流计和温度传感器。热流计宜布置在温度稳定的环境一侧，有保温层时宜布置在保温层一侧，其表面应与被测表面充分接触。表面温度传感器应靠近热流计安装，另一侧的传感器应安装在相对应的位置，传感器连同不应小于 100mm 的引线应与受检表面紧密接触。待检区域应至少布置 3 个热流计，每个热流计应布置不少于 1 个表面温度传感器，对应的另一侧应布置与之数量等同的传感器。检测期间，围护结构内外表面的温差不宜小于 10℃，同时应采取措施控制室内空气温度波动小于 1℃。

c. 进行数据采集。需要定时记录室内外空气温度、试件的内外表面温度和热流密度，采样间隔不宜大于 1min，记录时间间隔不应大于 5min。对于轻质构件，宜取日落后 1h 到日出前的数据，在连续三个夜间数据得到的热阻相差不大于±5%时，可结束测试。对于重质构件，传热稳定后，采用动态数据分析法时，测试时间应超过 72h；采用算术平均法处理数据时，测试时间应超过 96h，且测试结束时得到的热阻值与 24h 前得到的热阻值偏差不应超过 5%，同时检测期间内第一个 INT（$2×d/3$）天内（d 为检测持续天数，INT 表示取整部分）与最后一个同样长的天数内热阻的计算值相差不应大于 5%。

d. 计算试件的传热系数，数据分析宜采用动态分析法。

② 热箱法

热箱法同样基于一维传热原理，采用热箱装置（必要时配合冷箱装置）建立传热条件，使被测部位的热流保持由内侧向外侧传递，当热量传递达到平衡时，通过测量计量热箱的发热量、热箱内部温度和室外温度（或冷箱内部温度），计算得出被测部位的传热系数。

当采用热箱法进行检测时，若室外空气平均温度不大于 25℃，可仅用热箱装置；若室外空气平均温度大于 25℃，应配合冷箱装置进行检测。热箱法的检测步骤如下：

a. 选择测试区域。宜选择北墙或东墙进行检测，被测围护结构房间的面积不宜大于 20m²，宜使用红外温度计测试被测围护结构内表面的温度场分布。避开热工缺陷部位，被测围护结构的有效尺寸宜大于 2200mm×2400mm。

b. 在被测围护结构的中央处安装热箱（必要时配合冷箱），并布置空气温度测点和表面温度测点。热箱周边应与被测表面紧密接触，其边缘与被测围护结构周边热桥部位之间的距离不宜小于 600mm。冷箱安装在被测围护结构的外侧，冷、热箱的中心轴线基本重合，冷箱开口边缘应大于热箱外缘 300mm。

c. 关闭被测房间的门窗，设定室内空气温度和热箱内空气温度相等，设定值与室外空气温度最高值的温差不应小于 13℃，且逐时最小温差应高于 10℃。

d. 收集数据并计算被测围护结构的传热系数。数据采集时间间隔宜为 30min，检测持续时间不应小于 96h。取稳定状态下连续 24h 内的检测数据计算传热系数，这里的稳定状态规定为相邻 24h 的传热系数值相差不大于 5％。

热流计法是目前国内外围护结构传热系数现场检测的权威方法，也是现行行业标准《居住建筑节能检测标准》JGJ/T 132 推荐采用的现场检测方法。热箱法是在实验室条件下检测建筑构件热工性能的一种较为成熟的试验方法，但是热箱法在现场检测中的应用并不成熟。

（2）热桥诊断

在建筑的某些部位，如门、窗、梁和柱等，由于其几何构造或材料与主墙体在传热性能方面存在一定差异，导致在室内外温差作用下，热量主要从这些部位流失，成为热量流通的桥梁，故称之为热桥。国家标准《民用建筑热工设计规范》GB 50176—2016 中将热桥定义为：围护结构中热流强度显著增大的地方。据统计，整个建筑围护结构产生的热损失占总热损失的 70% 以上，其中热桥能耗高达 20% 以上。在严寒、寒冷地区，热桥部位保温处理不当会使得热桥内表面低于室内空气露点温度而出现结露，导致墙面发霉，严重影响室内居住环境。因此热桥的诊断和处理对降低建筑能耗、提升室内舒适度至关重要。

由于热桥区域不能依靠人的肉眼看到，常规的检测手段又难以判定，因此当前多采用红外热像仪进行检测。红外热像仪得到的红外热像图与物体表面的热分布场相对应，因此可以通过热图像观察到被测物体表面的温度分布状况。用红外热像仪可对物体进行无接触温度测量和热状态分析，检测出围护结构中的热桥区域，分析出该区域对建筑能耗的影响程度。

通过红外热像仪进行热桥诊断时，主要用到以下设备：红外热像仪、表面式温度计以及电脑和软件系统等。由于红外热像仪的检测结果不仅与目标的特性（温度、辐射热）及热像仪性能（视角、工作波段、光谱效应等）有关，还与测量对象所处的气候条件（温度、湿度、风速、日照、灯光、天气条件等）、测量对象的辐射系数、背景等因素有关。因此，在检测过程中要注意消除或降低气候因素及环境因素对外围护结构红外检测的影响。在检测前和检测期间，对环境条件有以下要求：

a. 检测前至少 24h 内，室外空气温度的逐时值与开始检测时的室外空气温度间的差异应小于 10℃。

b. 检测前至少 24h 内和检测期间，建筑物围护结构内外的平均空气温度差不宜小于 10℃。

c. 检测期间与开始检测时的空气温度相比，室外空气温度逐时值的变化不应大于 5℃，室内空气温度逐时值的变化不应大于 2℃。

d. 1h 内室外风速（采样时间间隔为 30min）变化不应大于 2 级（含 2 级）。

e. 检测开始前至少 12h 内，受检的外表面不应受到太阳直接照射，受检的内表面不应受到灯光的直接照射。

f. 室外空气相对湿度不应大于 75%，空气中粉尘含量不应异常。

围护结构热桥诊断的步骤如下：

a. 采用表面式温度计在受检表面上测出参照温度，调整红外热像仪的发射率，使红外热像仪的测定结果等于该参照温度。

b. 在与目标距离相等的不同方位扫描同一个部位，评估邻近物体对受检围护结构表面造成的影响。根据评估结果，可采取遮挡措施或关闭室内辐射源，或在合适的时间段进行检测。

c. 将热像仪放置平稳，进行相应的测温工作。检测时，受检表面同一个部位的红外热像图不应少于 2 张。当拍摄的红外热像图中主体区域过小时，应单独拍摄 1 张以上（含 1 张）主体部位红外热像图。

d. 后续处理。用图说明受检部位的红外热像图在建筑中的位置，并应附上可见光照片。红外热像图上应标明参照温度的位置，并应随红外热像图一起提供参照温度的数据。

在外墙外保温施工质量完好、均匀的情况下，该结构表面各个点的温度基本相同。而当围护结构存在热工缺陷时，其红外热像图中的温度分布就会存在局部的差异。当墙体保温层存在缺陷时，其整体热阻会有所减小，在外界热流影响下，缺陷部位的热传递速度相对较快，其测量温度会偏小。

2）透明围护结构

透明围护结构主要包括建筑外门窗等，是建筑围护结构中节能薄弱的环节。对建筑外门、外窗的热工性能诊断宜按照下列步骤进行：

a. 查阅外门窗竣工图纸，了解其构造做法、材料等基本信息，熟悉设计的基本情况。

b. 查看试件的尺寸及构造是否符合产品设计和组装要求，不得附加任何多余配件或特殊组装工艺，并核对施工竣工图纸和设计图纸。

c. 在上述步骤完好的情况下，查看产品本身热工和尺寸性能参数，并参照国家标准《建筑幕墙、门窗通用技术条件》GB/T 31433—2015 和《建筑外门窗气密、水密、抗风压性能检测方法》GB/T 7106—2008 对其传热系数和气密性进行检测，确定其是否满足要求。

d. 如不达标，应按照现行居住建筑节能设计标准的要求开展改造工作。

（1）传热系数诊断

检测透明围护结构传热系数的主要依据是国家标准《建筑外门窗保温性能检测方法》GB/T 8484—2020。检测装置主要由热箱、冷箱、试件框、填充板和环境空间五部分组成。该方法基于稳态传热原理，采用标定热箱法检测建筑外门窗传热系数。试件一侧为热箱，模拟供暖建筑冬季室内气温条件；另一侧为冷箱，模拟冬季室外气温和气流速度。在对试件缝隙进行密封处理，试件两侧各自保持稳定的空气温度、气流速度和热辐射条件下，测量热箱中加热装置单位时间内的发热量，减去通过热箱壁、试件框、填充板、试件和填充板边缘的热损失，除以试件面积与两侧空气温差的乘积，即可得到试件的传热系数 K 值。

检测时热箱空气平均温度设定范围为 19～21℃，温度波动幅度不应大于 0.2℃，热箱内空气为自然对流；冷箱空气平均温度设定范围为 −19～−21℃，温度波动幅度不应大于 0.3℃；与试件冷侧表面距离符合国家标准《绝热稳态传热性质的测定标定和防护热箱法》GB/T 13475—2008 规定平面内的平均风速为 3.0m/s±0.2m/s。检测步骤如下：

a. 启动检测装置，设定冷、热箱和环境空间空气温度；

b. 当冷、热箱和环境空间空气温度达到设定值，且测得的热箱和冷箱的空气平均温度每小时变化的绝对值分别不大于 0.1℃ 和 0.3℃，热箱内外表面面积加权平均温度差值和试件框冷热侧表面面积加权平均温度差值每小时变化的绝对值分别不大于 0.1℃ 和 0.3℃，且不是单向变化时，传热过程已达到稳定状态；

c. 传热过程达到稳定状态后，每隔 30min 测量一次参数，共测 6 次；

d. 测量结束后记录试件热侧表面结露或结霜状况。

（2）气密性诊断

气密性指的是外门窗在正常关闭状态时，阻止空气渗透的能力。相关研究表明，空气渗透引起的热量损失占到建筑供暖能耗的25%以上，提高围护结构的气密性可以减少室内外的空气渗透量，有效降低空气渗透引起的供暖或空调负荷。因此，有必要对围护结构的气密性进行诊断，方便后续的低能耗改造。

目前，对于一般建筑，我国是通过检测单一构件（如外窗、外门等）的气密性来评价围护结构气密性，参考标准主要有现行国家标准《建筑幕墙、门窗通用技术条件》GB/T 31433 和《建筑外门窗气密、水密、抗风压性能检测方法》GB/T 7106。

气密性检测分为定级检测和工程检测两类，前者是为了确定外门窗性能等级，后者是为了确定外门窗是否满足工程设计要求的性能。检测装置主要包括压力箱、空气收集箱、试件、安装框架、供压装置及测量装置。检测采用模拟静压箱法，在稳定压力差状态下通过空气收集箱收集并测量试件的空气渗透量。

定级检测时，加压顺序如图 2.2-1 所示。

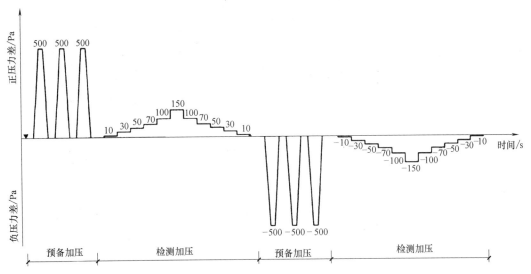

注：图中符号▼表示将试件的可开启部分启闭不少于5次。

图 2.2-1　气密性定级检测加压顺序示意图

工程检测时，应根据工程设计要求的压力进行加压，检测加压顺序如图 2.2-2 所示。当工程对检测压力无设计要求，或者当工程检测压力值小于50Pa 时，应采用如图 2.2-1 所示的定级检测加压顺序进行检测，并回归计算出工程设计压力对应的空气渗透量。

气密性能检测步骤如下：

a. 在正压预备加压前，将试件上所有可开启部分启闭 5 次，最后关紧。

b. 进行预备加压，在正、负压检测前分别施加三个压力脉冲。定级检测时压力

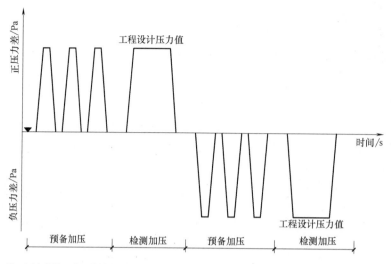

注：图中符号▼表示将试件的可开启部分启闭不少于5次。

图 2.2-2　气密性工程检测加压顺序示意图

差绝对值为 500Pa，工程检测时压力差绝对值取风荷载标准值的 10％和 500Pa 二者的较大值，加载速度约为 100Pa/s，压力稳定作用时间为 3s，泄压时间不少于 1s。

c. 进行附加空气渗透量检测。检测前在压力箱一侧充分密封试件上的可开启部分缝隙和镶嵌缝隙，然后扣好空气收集箱，并可靠密封；按照检测加压顺序进行加压，每级压力作用时间约为 10s，先逐级正压后逐级负压，记录各级压力下的附加空气渗透量。

d. 进行总空气渗透量检测。去除试件上采取的密封措施后进行检测，检测程序与附加空气渗透量检测相同，记录各级压力下的总空气渗透量。

e. 进行检测数据处理。根据现行国家标准《建筑外门窗气密、水密、抗风压性能检测》GB/T 7106，分别计算出 10Pa 压力差下的单位开启缝长空气渗透量值 q_1 和单位面积空气渗透量值 q_2。

f. 确定分级指标值。取三樘试件的 $\pm q_1$ 值或 $\pm q_2$ 值的最不利值，根据现行国家标准《建筑幕墙、门窗通用技术条件》GB/T 31433，确定按照开启缝长和面积各自所属等级，取两者中的不利级别为该组试件的所属等级，正、负压分别定级。对于工程检测，三樘试件正、负压按照单位开启缝长和单位面积的空气渗透量均应满足工程设计要求，否则判定为不满足工程设计要求。

根据国家标准《建筑幕墙、门窗通用技术条件》GB/T 31433—2015，建筑门窗气密性能以单位缝长空气渗透量 q_1 或单位面积空气渗透量 q_2 为分级指标，门窗气密性能分级如表 2.2-3 所示，共分八级。等级越高，建筑外门窗的气密性越好，越有利于节能。

分级	1	2	3	4	5	6	7	8
单位缝长分级 指标值 $q_1/[\mathrm{m^3/(m \cdot h)}]$	$4.0 \geqslant q_1$ >3.5	$3.5 \geqslant q_1$ >3.0	$3.0 \geqslant q_1$ >2.5	$2.5 \geqslant q_1$ >2.0	$2.0 \geqslant q_1$ >1.5	$1.5 \geqslant q_1$ >1.0	$1.0 \geqslant q_1$ >0.5	$q_1 \leqslant 0.5$
单位面积分 级指标值 $q_2/[\mathrm{m^3/(m^2 \cdot h)}]$	$12 \geqslant q_2$ >10.5	$10.5 \geqslant q_2$ >9.0	$9.0 \geqslant q_2$ >7.5	$7.5 \geqslant q_2$ >6.0	$6.0 \geqslant q_2$ >4.5	$4.5 \geqslant q_2$ >3.0	$3.0 \geqslant q_2$ >1.5	$q_2 \leqslant 1.5$

建筑外门窗气密性能分级表　　　　　　　　　　表 2.2-3

3）遮阳系统

遮阳系统阻隔太阳辐射热和太阳光线通过建筑透明围护结构进入室内，按其安装位置与建筑墙面的相对位置分为内遮阳和外遮阳两种形式，外遮阳必须满足遮阳、隔热、透光透景三个条件。对外遮阳设施的诊断宜按照下列步骤进行：

a. 查看建筑立面外遮阳设施基本类型（水平、垂直、挡板、横百叶挡板、竖百叶挡板式）以及遮阳设施的构造设计，了解外遮阳设计的基本信息。

b. 根据采用的外遮阳形式，查看外遮阳与建筑墙体连接处，构件安装嵌入墙体处是否存在缝隙，外遮阳装置是否破损，如存在类似问题，基本可判断遮阳设施安装质量有问题。

c. 针对遮阳设施外面完好的情况下，依据现行行业标准《居住建筑节能检测标准》JGJ/T 132 中的要求进行检测，并与各气候分区现行居住建筑节能设计标准中的相关指标进行比较，如不满足标准规定，则可判定外遮阳性能不达标。

d. 根据检测结果，汇总形成对外遮阳设施诊断的分析报告，结合现行居住建筑节能设计标准以及国家标准《民用建筑热工设计规范》GB 50176—2016，提出改造方案。

行业标准《居住建筑节能检测标准》JGJ/T 132—2009 中规定，受检外窗外遮阳设施的结构尺寸、安装位置、安装角度、转动或活动范围以及遮阳材料的光学性能应满足设计要求。受检外窗外遮阳设施的检测结果均满足设计要求时判定为合格，否则判为不合格。

门窗遮阳性能以规定条件下门窗的遮阳系数表示。当有遮阳装置时，门窗遮阳性能以规定条件下、遮阳装置不同状态下的一组遮阳系数表示。测试有百叶类、花格等对太阳入射角敏感遮阳装置的门窗遮阳系数时，应根据规定的太阳光典型入射角和遮阳装置的典型开启角度，分别测试对应状态的遮阳系数。

门窗遮阳系数定义为：在给定条件下，门窗及附加遮阳装置后的门窗太阳光总透射比，与相同条件下相同面积的标准玻璃（3mm 厚透明玻璃）的太阳能总透射比的比值。

门窗遮阳系数检测可采用光学性能法和人工光源法，其中光学性能法是采用带积分球的分光光度计，测试门窗型材、玻璃和遮阳材料在太阳光谱区域内的光学性能，并计算门窗遮阳系数的方法；人工光源法是基于稳态传热原理，使用规定的人工光源作为太阳光辐射源，采用标定热箱法检测门窗遮阳系数的方法，人工光源法仅用于太阳光垂直入射门窗时的遮阳系数测试。检测和计算的主要依据：国家现行标准《透光围护结构太阳得热系数检测方法》GB/T 30592、《建筑玻璃可见光透射比、太阳光直接透射比、太阳能总透射比、紫外线透射比及有关窗玻璃参数的测定》GB/T 2680、《建筑门窗玻璃幕墙热工计算规程》JGJ/T 151、《建筑门窗遮阳性能检测方法》JG/T 440。

（1）光学性能法

光学性能法检测的原理：使用带积分球的分光光度计，测试遮阳材料在太阳光谱区域内直射透射比和直射反射比，采用标准太阳辐射相对光谱分布进行加权平均，测定玻璃系统的太阳光总透射比和门窗框的太阳光总透射比，计算遮阳材料的光学性能及有遮阳装置门窗的太阳光总透射比和遮阳系数。

遮阳材料和门窗框的光学性能应采用配备积分球的双光束分光光度计测试，且积分球直径不宜小于 150mm。仪器的波长准确度、光度测量准确度、谱带半宽度应符合表 2.2-4 的要求。测试环境温度应为 18～28℃，环境相对湿度为 35%～65%，无灰尘、无阳光直射、无强烈的磁场、无加热源、无机械振动。

双光束分光光度计波长准确度、光度测量准确度、谱带半宽度要求　　　表 2.2-4

项目	要求
波长准确度	紫外-可见区±1nm 以内 近红外区±5nm 以内 远红外区±0.2μm 以内
光度测量准确度	紫外-可见区 1% 以内,重复性 0.5% 近红外区 2% 以内,重复性 1% 远红外区 2% 以内,重复性 1%
谱带半宽度	紫外-可见区 10nm 以下 近红外区 50nm 以下 远红外区 0.1μm 以下

透明遮阳材料应至少测试 300～2500nm 波长范围的透射比、前反射比和后反射比及 4500～25000nm 波长范围内的前反射比和后反射比光谱数据；不透光遮阳材料应至少测试 300～2500nm 波长范围的前反射比和后反射比光谱数据。数据间隔应满足表 2.2-5 的规定。

数据间隔要求　　　表 2.2-5

波长范围/nm	数据点间隔/nm	波长范围/nm	数据点间隔/nm
300～400	不应超过 5	1000～2500	不应超过 50
400～1000	不应超过 10	4500～25000	不应超过 1000

① 有遮阳百叶的门窗

遮阳百叶光学性能的测试和数据处理步骤如下：

a. 对于表面平整的遮阳百叶，测试其太阳光光谱直接透射比 $\tau_s(\lambda)$、太阳光光谱直射反射比 $\rho_s(\lambda)$，测试时样品应与反射比通道紧密结合且无漏光。（对于表面粗糙的遮阳百叶，测试方法同上，应至少随机取 3 个测点，将测试数据算术平均，如测试值与平均值偏差超过 5% 就再继续增加 3 个测点，将所有测试数据进行算术平均，直到测试值与平均值偏差不超过 5%）

b. 计算遮阳材料太阳光直接透射比 τ_s，前、后表面的太阳光直接反射比 ρ_s。（计算不透光遮阳材料的光学性能时，将其近似为完全漫反射体，太阳光直接透射比取 0）

c. 测试遮阳百叶表面辐射率 ε。

② 其他帘式遮阳装置的门窗

其他帘式遮阳装置的门窗测试步骤如下：

a. 测试并计算玻璃系统的太阳光（300~2500nm）光谱直接透射比 τ_s、太阳光光谱直接反射比 ρ_s 和玻璃表面辐射率 ε。

b. 测试遮阳材料太阳光（300~2500nm）光谱直接透射比 τ_s，前、后表面的太阳光光谱直接反射比 ρ_s 和表面发射率 ε。

c. 测试门窗框和遮阳百叶的表面辐射率 ε。

d. 测试门窗框太阳辐射吸收系数 α_s。

（2）人工光源法

人工光源法检测是基于稳态传热原理，采用标定热箱法检测建筑门窗的遮阳系数 SC。采用人工光源模拟太阳辐射光，人工光源辐照热量经试件进入热计量箱内，测算计量箱内得热量与投射到该试件表面的辐照总量之比 $SHGC$，可计算得到建筑门窗的遮阳系数 SC。

检测装置主要由人工光源、内环境箱、计量箱、外环境箱、水冷计量系统及环境空间等组成。环境空间的空气温度应控制在 $25\pm2℃$，空气相对湿度应小于 50%，无灰尘、无阳光直射、无强烈的磁场、无加热源、无机械振动。

检测步骤如下：

a. 安装试件。将试件固定于外环境箱的试件洞口，试件与洞口间宜填塞聚苯乙烯泡沫塑料条并密封；试件的开启缝应采用透明塑料胶带双面密封；外环境箱与内环境箱应紧扣，并检查接口部位密封。

b. 设置试验条件。外环境箱内空气温度应设定为 $25.0\pm0.5℃$；计量箱内空气温度应设定为 $25.0\pm0.3℃$；内环境箱内空气温度应设定为 $25.0\pm0.3℃$；试件表面辐射照度控制为 $500\pm25W/m^2$。

c. 启动环境空间温度控制系统。开机启动，等待环境空间、外环境箱、内环境箱

33

及计量箱温度达到设定值且稳定。启动人工光源，调整水冷计量系统达到试验条件。

d. 内环境箱、外环境箱、计量箱内空气温度再次达到设定值后，每隔 10min 采集各点温度，判断是否达到稳定状态。各点温度连续 6 次采集结果波动小于±0.3℃，且非单向变化时，可判定达到稳定状态；取达到稳定状态后连续 6 次结果，记录各点温度数据。

e. 关机检查试件状态并记录。

f. 采用达到稳定状态后的 6 次采集数据的平均值，计算试件的太阳得热系数，进而求得门窗遮阳系数 SC。

2.2.3 诊断案例

1）非透明围护结构

（1）传热系数诊断

① 屋面

项目组检测了石家庄市（寒冷地区）某住宅楼的屋顶形式及传热系数：一期为炉渣保温架空隔热屋顶，传热系数为 1.21W/(m² · K)；二期为加气混凝土保温架空隔热屋顶，传热系数为 1.14W/(m² · K)。实地拍摄照片如图 2.2-3 所示。

根据行业标准《严寒和寒冷地区居住建筑节能设计标准》JGJ 26—2018，该气候区 4 层以上建筑的屋面传热系数限值为 0.3W/(m² · K)。计算可知，现有屋面的传热系数至少要降低约 74% 才能达到节能设计标准，应进行节能改造。

图 2.2-3 2 号楼屋面情况实拍图

② 外墙

项目组对河北省建筑科学研究院 2 号住宅楼进行了检测。2 号楼始建于 1988 年，于 1998 年进行了扩建，其外墙的构造形式及传热系数：一期为 360mm 黏土实心砖外墙，传热系数为 1.58W/(m² · K)；二期为 240mm 轻骨料混凝土空心砌块外墙，传热系数为 2.11W/(m² · K)。实地拍摄照片如图 2.2-4 所示。

石家庄市属于寒冷（B）区，根据行业标准《严寒和寒冷地区居住建筑节能设计标准》JGJ 26—2018，该气候区 4 层以上建筑的外墙传热系数限值为 0.45W/(m² · K)。计算可知，现有外墙的传热系数至少要降低约 72% 才能达到节能设计标准。因此，该住宅楼外墙的保温性能有很大的提升空间，低能耗改造势在必行。

③ 地面及阳台

项目组实地调研了石家庄市（寒冷地区）某住宅楼地面及阳台的现状，调研发现

图 2.2-4　外墙情况实拍图

地面未采取保温措施；并且很多用户自行封闭了原有的开敞阳台，悬挑长度参差不
齐，使得建筑的阳台立面长短不一，
外观杂乱无章（图 2.2-5）。

行业标准《严寒和寒冷地区居住
建筑节能设计标准》JGJ 26—2018 中
指出周边地面应进行保温处理，并规
定了保温材料的热阻限值。具体来说，
位于寒冷地区 4 层以上建筑的周边地
面保温材料热阻限值约为 1.6
$(m^2 \cdot K)/W$。因此，需要对其地面增
加保温措施以满足节能设计标准。同

图 2.2-5　阳台情况实拍图

时，在对阳台进行改造时，宜统一处理，减少对建筑外观的影响。

（2）热桥诊断

本次热桥诊断的对象建设于 20 世纪 80 年代到 21 世纪初之间，该时期的建筑多
为砖混结构且通常无保温措施。

项目组利用红外热成像技术对石家庄市（寒冷地区）某住宅楼进行热桥诊断，分
别检测了该住宅楼的北侧、西侧以及单元门侧。

2 号楼北侧的实拍图和热桥检测图如图 2.2-6（a）、（b）所示。北侧主体区域的平
均温度为 0.5℃，楼板部位的平均温度为 3.6℃，楼板部分在热桥检测图中呈现明显
的橘红色，该区域存在热工缺陷。

2 号楼西侧的实拍图和热桥检测图如图 2.2-7（a）、（b）所示。西侧主体区域的平
均温度为 −1.3℃，后期扩建框架的平均温度为 1.2℃，为热工缺陷部位。同时，检测
图中屋顶与外墙的连接处也呈现亮色，该区域同样存在热工缺陷。

图 2.2-6（a） 2 号楼北侧立面实拍图

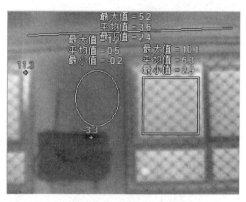

图 2.2-6（b） 2 号楼北侧立面热桥检测图

图 2.2-7（a） 2 号楼西侧立面实拍图

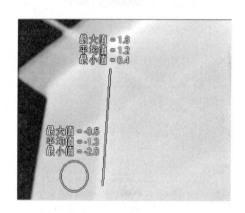

图 2.2-7（b） 2 号楼西侧立面热桥检测图

2 号楼 1 单元单元门侧的实拍图和热桥检测图如图 2.2-8（a）、（b）所示。墙主体区域的平均温度为 1.3℃，扩建部位与原主体部位连接处的平均温度为 5.2℃，为热工缺陷区域；各层楼板部位也出现亮色，同样存在热工缺陷。

图 2.2-8（a） 2 号楼 1 单元单元门侧墙立面实拍图

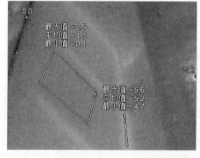

图 2.2-8（b） 2 号楼 1 单元单元门侧立面热桥检测图

通过对住宅楼 2 号楼北侧、西侧以及单元门侧进行热桥诊断，发现 2 号楼在楼板部位、扩建处与原主体的连接部位、屋面与外墙连接处等部位均存在热桥，不符合节能标准要求，应有针对地进行节能改造。

项目组也对位于唐山市的某住宅楼进行了热桥诊断,分别对屋面与外墙的交接处(室内侧)以及建筑外立面进行检测。

室内测试外墙与屋面交接处的实拍图和热桥检测图如图2.2-9(a)、(b)所示。最高温度16℃,最低温度仅为0℃,热流变化明显,热桥明显。

图2.2-9(a) 墙角实拍图

图2.2-9(b) 墙角测试图

外立面检测的实拍图和热桥检测图如图2.2-10(a)、(b)所示。外立面的热桥网格明显,温差在4℃以上。需要指出,外窗的热流量远大于外墙,温差在10℃以上,热桥明显,如图2.2-11(a)、(b)所示。

图2.2-10(a) 外立面实拍图

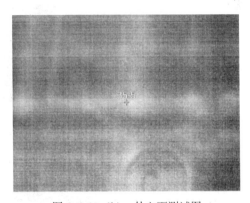
图2.2-10(b) 外立面测试图

图2.2-11(a) 外窗实拍图

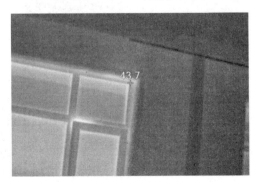
图2.2-11(b) 外窗测试图

通过对唐山市某住宅楼的热桥诊断，发现建筑室内侧屋面与墙体连接处、外立面的饰面板拼缝处以及建筑外窗均存在热桥，需要进行相应的节能改造。

结合对石家庄市和唐山市典型住宅的热桥诊断可知，该地区的既有居住建筑大多存在热桥区域，主要分布于楼板部位、外墙转角处、屋面与外墙交接处、门窗与墙体交接处、扩建处与原主体的连接部位等，不符合节能标准要求，应进行节能改造。

2）透明围护结构

（1）传热系数诊断

项目组实地调研了石家庄市（寒冷地区）某住宅楼外门、外窗的现状，大部分外窗为铝合金窗或塑钢窗，个别为钢窗，传热系数约为 6.4W/(m²·K)。根据行业标准《严寒和寒冷地区居住建筑节能设计标准》JGJ 26—2018，该建筑外窗的传热系数限值为 2.1W/(m²·K)，因此住宅楼外窗的保温性能需要进一步提升。实地拍摄照片如图 2.2-12 所示。

图 2.2-12　外窗情况实拍图

（2）气密性诊断

项目组对石家庄市（寒冷地区）某住宅的外窗进行气密性测试。图 2.2-13 为测试

图 2.2-13　外窗气密性测试

现场图片。

所测外窗为单玻塑钢窗,高 1.49m,宽 1.76m,气密性测试结果如表 2.2-6 所示。

外窗气密性测试结果 表 2.2-6

开启缝长/m	7.92	总面积/m²	2.62
玻璃品种	单层玻璃	镶嵌方式	
玻璃密封材料	胶条	框扇密封材料	胶条
玻璃最大尺寸	1280mm×1660mm	室内气压/kPa	100.4
正压 10Pa 下	单位缝长每小时空气渗透量 q_1/[m³/(m·h)]		2.15
	单位面积每小时空气渗透量 q_2/[m³/(m²·h)]		6.5
负压 10Pa 下	单位缝长每小时空气渗透量 q_1/[m³/(m·h)]		2.22
	单位面积每小时空气渗透量 q_2/[m³/(m²·h)]		6.7

结合表 2.2-3 建筑外门窗气密性能分级表可知,3 号宿舍楼西单元 202 室客厅北侧外窗的气密性等级为正压第 4 级,负压第 4 级,不满足行业标准《严寒和寒冷地区居住建筑节能设计标准》JGJ 26—2018 中不应低于 6 级的要求,因此应该进行节能改造。

2.3 暖通空调

暖通空调系统包括供暖、通风及空调系统。暖通空调系统一方面为室内人员提供舒适的室内环境,另一方面也消耗大量的能源。因此,既有居住建筑进行低能耗改造时,应考虑暖通空调系统的节能降耗。

2.3.1 诊断内容

供暖、通风及空调系统主要针对冷源热系统设备、输配系统设备、末端系统开展诊断工作,具体诊断内容指标如表 2.3-1~表 2.3-9 所示。

冷源系统能效系数限值 表 2.3-1

类型	单台额定制冷量/kW	冷源系统能效系数
风冷或蒸发冷却	≤50	1.8
	>50	2.0

燃液体燃料、天然气锅炉名义工况下的热效率 表 2.3-2

锅炉类型及燃料种类		锅炉热效率/%
燃油燃气锅炉	重油	90
	轻油	90
	天然气	92

燃生物质锅炉名义工况下的热效率 表 2.3-3

燃料种类	锅炉额定蒸发量 D(t/h)/额定热效率 Q/MW	
	$D≤10/Q≤7$	$D>10/Q>7$
	锅炉热效率/%	
生物质	80	86

燃煤锅炉名义工况下的热效率 表 2.3-4

锅炉类型及燃料种类		锅炉额定蒸发量 $D(t/h)$/额定热效率 Q/MW	
		$D \leqslant 20/Q \leqslant 14$	$D > 20/Q > 14$
		锅炉热效率/%	
层状燃烧锅炉	Ⅲ类烟煤	82	84
流化床燃烧锅炉		88	88
室燃(煤粉)锅炉产品		88	88

多联机 IPLV(C)能效限值要求 表 2.3-5

名义制冷量(CC)/W	IPLV(C)对应的 2 级能效等级
CC≤28000	3.4
28000＜CC≤84000	3.35
CC＞84000	3.3

分散式房间空调器能效限值 表 2.3-6

额定制冷(热)量/W	单冷式房间空气调节器(3级)	热泵型房间空气调节器(3级)	低环境温度空气源热泵热风机(2级)
	制冷季节能源消耗效率(SEER)	全年能源消耗效率(APF)	制热季节性能系数(HSPF)
≤4500	5.00	4.00	3.20
4500～7100	4.40	3.50	3.10
7100～14000	4.00	3.30	3.00

户式燃气炉热效率能效限值 表 2.3-7

类型			热效率值 η/%
			能效等级
			2 级
热水器		η_1	89
		η_2	85
采暖炉	热水	η_1	89
		η_2	85
	采暖	η_1	89
		η_2	85

注: η_1 为热水器或采暖炉额定热负荷和部分热负荷(热水状态为 50% 的额定热负荷,供暖状态为 30% 的额定热负荷)下两个热效率值中的较大值,η_2 为较小值。

输配系统诊断内容 表 2.3-8

诊断内容	诊断指标	性能参数
输配系统	水泵效率	符合《清水离心泵能效限定值及节能评价值》GB 19762—2007 的 2 级能效
	室外供暖水系统平衡度	0.9～1.2

续表

诊断内容	诊断指标	性能参数
输配系统	耗电输热比 HER	符合《严寒和寒冷地区居住建筑节能设计标准》JGJ 26—2018 的要求
	供暖系统补水率	≤0.5%
	管道保温状况	符合《居住建筑节能检测标准》JGJ/T 132—2009 的要求

不同空调末端类型对应的空调末端能效比限值　　　　　　表 2.3-9

空调末端类型	空调末端能效比限值 EER_t	
	全年累计工况	典型工况
全空气系统	6	8
新风＋风机盘管系统	9	12
风机盘管系统	24	32

2.3.2　诊断方法

1）供暖、通风及空调系统诊断

供暖、通风及空调工程诊断宜采用整体能耗诊断法和分项指标能效诊断法相结合的方式，优先采用整体能耗诊断法进行快速诊断，确认系统是否有节能空间，如存在，则应采用分项指标能效诊断法，进一步确认供暖、通风及空调系统存在问题的具体部位。其中整体能耗诊断法如下：

a. 现场收集供暖系统近 1～3 年的能耗账单，包括热耗、气耗、油耗等。

b. 对单位面积供暖能耗进行统计分析，并与现有的国家、行业或者地方能耗限值标准进行比较，并据此判定系统是否有节能空间和改造潜力。

单项能效指标诊断法实施步骤如下：

a. 收集供暖、通风及空调系统设备竣工图纸及设备表，了解系统组成形式、设备性能参数及设计目标。

b. 现场查看供暖、通风及空调系统设备运行记录，向物业管理人员详细了解设备运行策略，系统运行维护情况以及运行中存在的问题。

c. 对于运行记录中有疑问的数据或者现场监测数据有疑问时，可采用测试设备进行测试，以获取更准确的运行数据。

d. 基于运行记录和现场测试采集的数据，对供暖、通风及空调系统设备的能效指标进行计算分析，并与现行的标准规范的限值要求进行比较，如果其中的一项或者几项指标值超过限值要求，则说明与之关联的设备系统存在问题，需进一步明确问题的产生原因。

e. 评估供暖、通风及空调系统节能空间和改造潜力。

2）锅炉热效率

（1）锅炉运行热效率检测应符合以下规定：

a. 锅炉运行正常。

b. 燃煤锅炉的日平均运行负荷率不应低于60％，燃油和燃气锅炉瞬时运行负荷率不应低于30％。锅炉日累计运行时数不应少于10h。

c. 应在供暖系统热态运行120h后进行，检测持续时间应为24h。

d. 燃煤供暖锅炉的耗煤量应按批次计量。燃油和燃气供暖锅炉的耗油量和耗气量应连续累计计量。

e. 在检测持续时间内，煤样应用基低位发热值的化验批数应与供暖锅炉房进煤批次一致，且煤样的制备方法应符合现行国家标准《工业锅炉热工试验规程》GB 10180的有关规定。燃油和燃气的低位发热值应根据油品种类和气源变化进行化验。

f. 供暖锅炉的输入热量应采用热计量装置连续累加计量。

（2）检测持续时间内供暖锅炉日平均运行热效率应按下式计算：

$$\eta_{2,a} = \frac{Q_{a,t}}{Q_i} \times 100\% \qquad (2.3-1)$$

$$Q_i = G_c \cdot Q_c^y \cdot 10^{-3} \qquad (2.3-2)$$

式中：$\eta_{2,a}$——检测持续时间内供暖锅炉日平均运行热效率；

$\quad Q_i$——检测持续时间内供暖锅炉的输入热量（MJ）；

$\quad G_c$——检测持续时间内供暖锅炉的燃煤量（kg）或燃油量（kg）或燃气量（Nm³）；

$\quad Q_c^y$——检测持续时间内燃用煤的平均应用基低位发热值（kJ/kg）或燃用油的平均低位发热值（kJ/kg）或燃用气的平均低位发热值（kJ/Nm³）。

3）水力平衡度

（1）水力平衡度检测的测点位置应满足下列要求：

a. 当热力入口总数不超过6个时，应全数检测；

b. 当热力入口总数超过6个时，应根据各个热力口距热源距离的远近，按近端、远端、中间区域各选2处确定受检热力入口。

（2）水力平衡度可按下列步骤及方法进行检测：

a. 检测应在供暖系统正常运行后进行。

b. 水力平衡度检测期间，应保证系统总循环水量维持恒定且为设计值的100％～110％。

c. 热力入口流量测试装置应位于设备进口或者出口的直管段上，对于超声波流量计，其最佳位置可为距上游局部阻力构件10倍管径、距下游局部阻力构件5倍管径之间的管段上。

d. 循环水量的检测值应以相同监测持续时间内各热力入口处测得的结果为依据进行计算。

（3）水力平衡度计算应按下式进行：

$$HB_j = \frac{G_{wm,j}}{G_{wd,j}} \qquad (2.3\text{-}3)$$

式中：HB_j——第 j 个支路处的系统水力平衡度；

　　　$G_{wm,j}$——第 j 个支路处的实际水流量（m³/h）；

　　　$G_{wd,j}$——第 j 个支路处的设计水流量（m³/h）；

　　　j——支路处编号。

4）供暖系统补水率

补水率检测应满足下列要求：

（1）补水率检测的测点应布置在补水管道上适宜的位置。

（2）补水率按下列步骤及方法进行：

a. 应在供暖系统正常运行后进行，检测持续时间宜为整个供暖期。

b. 总补水量应采用具有累计流量显示功能的流量计量装置检测，且应符合产品的使用要求。

c. 当供暖系统中固有的流量计量装置在检定的有效期内时，可直接利用该装置进行检测。

（3）供暖系统补水率按下列公式计算：

$$R_{mp} = \frac{g_a}{g_d} \times 100\% \qquad (2.3\text{-}4)$$

$$g_d = 0.861 \frac{q_q}{t_s - t_r} \qquad (2.3\text{-}5)$$

$$g_a = \frac{G_a}{A_0} \qquad (2.3\text{-}6)$$

式中：R_{mp}——供暖系统补水率（%）；

　　　g_a——检测持续时间内供暖系统单位建筑面积单位时间内的补水量 [kg/(m²·h)]；

　　　G_a——检测持续时间内供暖系统平均单位时间内的补水量（kg/h）；

　　　A_0——居住小区内所有供暖建筑物的总建筑面积（m²）；

　　　q_q——供热设计热负荷指标（W/m²）；

　　　t_s、t_r——供暖系统设计供回水温度（℃）。

5）水泵效率

（1）水泵效率按下列步骤及方法进行检测：

a. 应在被测水泵测试状态稳定后，开始测量。

b. 测试过程中，应测量水泵流量，并测试水泵进出口压差，以及水泵进出口压力表的高差，同时记录水泵输入功率；其中流量测点宜设在距上游局部阻力构件 10 倍管径，且距下游局部阻力构件 5 倍管径处；压力测点应设在水泵进出口压力表处；

水泵的输入功率应在电动机输入线端测量。

c. 检测工况下，每隔 5～10min 读数 1 次，连续测量 60min，并应取每次读数的平均值作为检测值。

（2）水泵效率按下式计算：

$$\eta = V\rho g \Delta H / 3.6P \tag{2.3-7}$$

式中：η——水泵效率；

V——水泵平均水流量（m^3/h）；

ρ——水的平均密度（kg/m^3），可根据水温，从物性参数表中查取；

g——自由落体加速度，取 9.8（m/s^2）；

ΔH——水泵进、出口平均压差（m）；

P——水泵平均输入功率（kW）。

6）耗电输热比

（1）耗电输热比的检测应在供暖系统正常运行后进行，且应满足下列条件：

a. 供暖热源和循环水泵的铭牌参数满足设计要求。

b. 系统瞬时供热负荷不应小于设计值的 50%。

c. 循环水泵运行方式应满足下列条件：

对变频泵系统，按工频运行且启泵台数应满足设计工况要求；

对多台工频泵并联系统，启泵台数应满足设计工况要求；

对大小泵制系统，应启动大泵运行；

对一用一备制系统，应保证有 1 台泵正常运行。

（2）耗电输热比的检测持续时间为 24h。

（3）供暖热源的输出热量应在热源机房内采用热计量装置进行累计计量，循环水泵的用电量应分别计量。

（4）供暖系统耗电输热比按下列公式计算：

$$EHR_{a,e} = \frac{3.6 \times \varepsilon_a \times \eta_m}{\sum Q_{a,e}} \tag{2.3-8}$$

当 $\sum Q_a < \sum Q$ 时，$\sum Q_{a,e} = \min\{\sum Q_p, \sum Q\}$

当 $\sum Q_a \geqslant \sum Q$ 时，$\sum Q_{a,e} = \sum Q_a$

$$\sum Q_p = 0.3612 \times 10^6 \times G_a \times \Delta t \tag{2.3-9}$$

$$\sum Q = 0.0864 \times q_q \times A_0 \tag{2.3-10}$$

式中：$EHR_{a,e}$——供暖系统耗电输热比；

ε_a——检测持续时间（24h）内供暖系统循环水泵的耗电量（kWh）；

η_m——电机效率与传动效率之和，直联取 0.85，联轴器传动取 0.83；

$\sum Q_{a,e}$——检测持续时间（24h）内供暖系统最大有效供热能力（MJ）；

ΣQ_{a}——检测持续时间（24h）内供暖系统的供热量（MJ）；

ΣQ_{p}——在循环水量不变的情况下，检测持续时间（24h）内供暖系统可能的最大供热能力（MJ）；

ΣQ——供暖热源的设计日供热量（MJ）；

G_{a}——检测持续时间（24h）内供暖系统的平均循环水量（$\mathrm{m^3/s}$）；

Δt——供暖热源的设计供回水温差（℃）。

2.3.3 诊断案例

案例1：某小区大面积散热器不热，温度不达标

现象：

某小区在天气较冷时，反映室温普遍偏低，室温在16℃左右。

诊断过程：

（1）了解小区在整个城市管网的位置，如果小区处于供暖系统的末端，且附近的几个小区都存在这种情况，基本可以判断是系统水力失调造成的。

想要进一步诊断，可以采用超声波流量计进行测量，根据小区供暖面积的大小，测算出正常的水流量，如果低于这个流量，就可以确定是系统水力失调造成末端流量偏小，导致散热器不热。

（2）现场检查锅炉容量是否够用，测试供回水温度。如运行后锅炉升温十分困难，一般由15℃水温开始烧，经过两个多小时，供回水温度尚达不到60～70℃和40～50℃，并且延长时间水温仍未能升高，表明锅炉容量不够。

（3）如果锅炉的供水温度正常，回水温度明显低于设计值，则说明循环水泵容量不足。

诊断结果：

供暖系统水力不平衡，系统水力失调。

建议：对供暖系统的平衡进行一次全面的调整。

案例2：某小区部分楼栋室内温度不达标

现象：

某小区换热站改造后，从一个地方搬到了另一个地方，发现有几栋楼室内出现温度不达标的情况，管道未做改造。

诊断过程：

（1）现场踏勘，了解改造前后变化情况。

（2）检测换热站内循环水泵压差、楼栋压差。

诊断结果：

经检测，换热站内循环水泵的压差32m，新换热站离温度不达标的楼距离在330m左右，满足使用要求。改造时在楼后增加了部分压力表，经测量楼栋之间的压差都很小，只有 1～1.5m，无法满足要求。综合现场踏勘结论以及监测结果，得出从换热站到楼房压差降低明显的原因是改造后的换热站位于原管网末端，管路没有进行调整，管径过细，阻力过大。

建议：末端加装循环水泵，增大压差。停暖后可重新改造管道。

2.4 给水排水

建筑节水与节能密切相关。建筑给水排水系统由于设计、施工以及运行管理不到位等原因，会出现管网漏损、末端供水压力过高或过低等问题，不利于建筑节水节能。给水排水系统涉及能耗的主要有给水系统和热水系统，以及相关的设备和产品，其中热水系统是给水排水的主要耗能系统。对既有居住建筑进行节能诊断时，有必要对给水排水系统的节能和节水性能进行诊断，为后续的低能耗改造提供依据。

2.4.1 诊断内容

给水排水的节能和节水性能主要涉及建筑给水排水和生活热水两部分内容，具体诊断内容和指标见表 2.4-1。

给水排水节能和节水性能诊断内容　　　　　　　　　表 2.4-1

诊断内容	二级内容	诊断指标	性能参数		
给水排水系统节能和节水性能	建筑给水系统	供水压力	入户管的供水压力≤0.35MPa 各用水点供水压力≤0.20MPa，且不应小于用水器具要求的最低压力		
	生活热水系统	热源形式	优先利用余热废热、地热、太阳能、空气源热泵等作为生活热水热源		
		供水温度	≤60℃		
		热源效率	户式燃气热水炉达到 2 级及以上； 燃气锅炉≥92％； 空气源热泵热水器(制热量≥10kW)性能系数		

		热水机形式	普通型	低温型
	一次加热		4.40	3.70
循环 加热	不提供水泵		4.40	3.70
	提供水泵		4.30	3.60

2.4.2 诊断方法

1）给水系统

建筑给水系统的节能和节水性能诊断宜按照下列步骤进行：

a. 查阅给水排水竣工图及设计说明，了解建筑给水方式、分区情况，所用卫生器具参数以及设计变更等基本信息。

b. 现场调研建筑整体水耗情况，调取项目近 3 年的水耗账单或者记录表格，计算并分析是否存在水耗偏高情况。水耗偏高时，应首先查看给水系统是否存在严重渗漏情况，漏损量检测参照《绿色建筑检测技术标准》CSUS/GBC 05—2014 中第 8.4 条的要求进行；如果存在漏损，应确定漏损点并及时进行补救；如果不存在漏损，应查找其他原因。

c. 查看用水点供水压力是否偏高：用水点的供水压力应符合国家标准《建筑给水排水设计标准》GB 50015—2019 及《民用建筑节水设计标准》GB 50555—2010 的要求，居住建筑入户管的供水压力不大于 0.35MPa，且分区内低层部分应设减压设施，保证各用水点处供水压力不大于 0.2MPa。各用水点压力值的检测可参照《绿色建筑检测技术标准》CSUS/GBC 05—2014 中第 8.5 条的要求进行。如果存在用水点供水压力偏高的情况，应采取减压措施降低供水压力。

d. 查看给水系统各分项计量水表安装是否到位和合理，是否满足用水分项计量标准的要求，如不满足要求，后期改造时应考虑改进。

2）生活热水系统

生活热水系统按热源可分为锅炉热水系统、空气源热泵热水系统和太阳能生活热水系统等。

（1）锅炉生活热水系统性能诊断宜按照下列步骤进行：

a. 查看加热设备热水出水水温是否正常，正常水温一般在 55～60℃。水温测量可采用接触式表面温度计或者水银温度计。

b. 如出水水温低，首先应核查热水水箱以及热水输送管道保温是否完整。保温层完好则说明储热水箱以及沿程热损失小，对出水水温影响不大，如保温层损坏严重，则储热水箱沿程热损失大，对出水水温有一定的影响。

c. 核查锅炉供水温度是否在正常范围内，由于锅炉系统一般有水温监控系统，因此可直接查看控制系统设定的温度值是否合理以及显示的锅炉出水温度是否正常。如水温不在合理值范围内，则应检查自控系统中温度传感器是否损坏以及自控系统控制是否失灵等。

d. 如锅炉出水水温正常，则应检查换热器是否正常。首先检测低温侧供水温度是否正常，如正常，则说明换热器无问题；如不正常，进一步检测高温侧水温变化情况以及进出水温差；如温差小，说明换热器存在堵塞或者结垢严重，影响换热效果。

e. 在锅炉出水温度正常的情况下，应进一步检查锅炉运行的热效率情况，可参照《绿色建筑检测技术标准》CSUS/GBC 05—2014 中第 7.4 节的方法进行检测。如果锅炉热效率值低于设计值的 90％，则说明锅炉热效率不达标。进一步核查烟气温度、锅炉保温情况以及锅炉燃烧时的过量空气系数等三个参数。如果烟气温度高于 120℃，则可考虑对烟气余热进行回收，以提升锅炉热效率；如果锅炉本体及输热管路保温效果不好，则应增加保温层厚度或者修补保温差的部位，减少热损失；如果锅炉燃烧的过量空气系数大于 1.1，应调整空气/燃气配比在 1.05～1.1 的合理范围之间，通过提高燃烧效率来提升锅炉的热效率。

（2）空气源热泵热水系统性能诊断宜按照下列步骤进行：

a. 首先查看末端热水出水水温是否正常，正常水温一般在 45～60℃。水温可采用接触式表面温度计或者水银温度计测量。

b. 如出水水温低，应核查水箱以及沿程管道保温状况；如保温层有破坏或者潮湿现象，则说明储热水箱以及管道热损失大，降低了最终的出水温度。

c. 如保温层良好，则应进一步核实空气源热泵机组侧热水出水温度是否正常；如出水温度低于设定值，则说明空气源热泵制热效果差，可能原因是室外气温低，导致其制热能效急剧下降。也可能是空气源热泵冷凝侧风扇运行不正常，导致换热效果差。

d. 进一步核查空气源热泵机组的能效，参照《绿色建筑检测技术标准》CSUS/GBC 05—2014 中第 7.2 节的方法进行检测。如果空气源热泵机组能效低于设计工况要求的 90%，则应进一步确认用水量是否与机组额定供水量相匹配，排除由于冷水不断进入水箱导致整体温度下降时机组不停地工作。再查看机组运行时室外环境温度是否低于 0℃，排除由于环境温度的降低导致机组能效急剧下降。最后查看电气系统及传感器是否工作正常，排除冷媒携热能力低下和设定温度过高等原因。

（3）太阳能生活热水系统性能诊断宜按照下列步骤进行：

a. 对于未采用太阳能热水的建筑，评估其利用太阳能热水的经济性和可行性，包括当地太阳能资源情况是否丰富，是否存在太阳能热水设备的布置位置等。

b. 对于已采用太阳能热水的建筑，应评估其现有系统的运行状况。

c. 核查热水供水温度是否正常。

d. 如不正常，应先查看集热器位置是否存在遮挡，集热器是否积尘严重，集热器安装角度是否合理，储热水水箱保温是否完好；如不存在上述问题，则应进一步核算集热器安装面积是否满足要求。

e. 如无问题，可进一步检测太阳能集热器的集热系统效率，分析其是否有明显下降，集热系统效率检测具体可参照《可再生能源建筑应用示范项目测评导则》中关于太阳能热利用系统的方法进行。

f. 进一步核算太阳能热水系统的经济性，包括单位热水耗电量或者耗气量指标是否偏高，整体维护运行年费用是否偏高。

太阳能生活热水系统常见问题及可能原因见表 2.4-2。

2.4.3　诊断案例

某小区住户室内末端用水点出流速度明显偏大，对住户的正常使用造成影响。

诊断过程：

（1）在正常关闭室内末端用水阀门的情况下，用压力表测得末端用水点压力达到

0.3MPa，远高于给水排水相关设计标准规定的 0.2MPa 的要求。

太阳能生活热水系统常见问题及原因分析汇总表　　　表 2.4-2

现象	可 能 原 因
末端热水出水温度低	①太阳能集热器安装面积低于设计值 ②太阳能系统集热效率低 ③集热水箱保温层破坏 ④集热器被遮挡 ⑤集热器表面积灰严重，影响换热效果 ⑥集热器安装角度超过 60° ⑦恒温水箱容积过大
末端热水出水温度高	①水箱补充的自来水量不够 ②水箱温度控制器失效

（2）测试泵房供水总管压力为 0.4MPa，通过巡查小区用水管路，发现建筑低层用户入户管前未采用任何减压措施。

诊断结论：建筑低层用户入户管前未采用任何减压措施，造成户内末端用水点压力超标，末端用水点出水水流大，造成用水浪费。

建议：更换成带有限流功能的水嘴。

2.5　电气

建筑电气系统是建筑能源系统的重要组成部分，由强电和弱电两个子系统构成。其中跟能源消耗关系最密切的是供配电系统、照明系统，故本节主要针对这两个系统中的低压配电系统、照明系统以及相关控制系统，从节能的角度，介绍相关诊断内容、诊断方法和诊断案例。

2.5.1　诊断内容

电气系统节能性能诊断主要针对供配电系统和照明系统开展，具体诊断内容指标如表 2.5-1 所示。

电气系统节能性能诊断内容　　　表 2.5-1

诊断内容	二级内容	诊断指标	性能参数
电气系统节能性能	供配电系统	变压器负载率	处于经济运行区间
		变压器能效等级	达到节能评价值
		三相电压不平衡度	不超过标称电压的 2%，短时不超过 4%
		功率因数	100kVA 以上的用户，功率因数≥0.95；其他用户≥0.9
		电压偏差	380V 允许偏差±7% 220V 允许偏差 7%～10%
	照明系统	照明功率密度	达到现行国家标准《建筑照明设计标准》GB 50034 规定的现行值
		照度	符合现行国家标准《建筑照明设计标准》GB 50034 的要求
		照明控制策略	走廊、楼梯间、门厅、电梯厅等场所采用延时自动熄灭或自动降低照度等节能措施

供配电系统是为建筑内所有用电设备提供动力的系统。供配电系统是否合理、节能地运行，直接影响建筑节能用电的水平。供配电系统诊断内容主要涉及系统中仪表、变压器及公共部位用电设备的状况、供配电系统容量及结构、无功补偿及供电电能质量等。

电能质量是指通过公用电网供给用户端的交流电能的品质。理想状态的公用电网应以恒定的频率、正弦波形和标准电压对用户供电。同时，在三相交流系统中，各相电压和电流的幅值应大小相等、相位对称且互差120°。但由于变压器和线路等设备非线性或不对称，负荷性质多变，这种理想的状态并不存在。电能质量问题会影响用电设备使用寿命和效果，因此加强供配电系统电能质量诊断十分重要。供配电系统电能质量诊断主要关注三相电压不平衡度、谐波电压和谐波电流、功率因数和电压偏差等指标。

照明系统的诊断包括照明系统的节能诊断和照明质量诊断两方面，照明系统的节能主要关注采用的灯具类型及灯具效率，照明功率密度是否符合标准要求；照明质量诊断方面，主要诊断照明系统是否提供符合视觉功能和舒适感的照明环境。

2.5.2 诊断方法

1）供配电系统

供配电系统节能性能的诊断宜按照下列步骤进行：

a. 查阅建筑电气竣工图及设计说明，了解供配电系统的容量及结构，所用变压器规格、参数以及设计变更等基本信息。

b. 现场勘查变压器是否为节能产品，并查看实际产品与竣工图纸设计是否一致以及变压器的实际使用情况。核算变压器容量是否合理，变压器负载率是否在经济性运行范围内。

c. 对三相电压不平衡度、谐波电压及谐波电流、功率因数、电压偏差检测进行检测，根据检测结果判定供配电系统的电能质量。

d. 检测结果形成分析报告，并与电气竣工图以及现行的居住建筑节能设计标准进行对照。当不满足标准规定时，应开展改造工作。

2）照明系统

照明系统节能性能的诊断宜按照下列步骤进行：

a. 查阅照明系统竣工图及设计说明，了解各公共部位所采用的灯具类型、灯具效率（效能）、照度、照明功率密度参数、照明控制方式以及设计变更等基本信息。

b. 现场调查灯具类型、照明控制方式、有效利用自然光情况，核实照明灯具是否为节能产品，实际灯具与竣工图纸设计是否一致以及照明控制策略是否合理。

c. 重点关注现场情况与图纸不一致的房间或场所，统计记录，并进行比对。

d. 对典型公共部位的照明功率密度和照度进行检测，以明确是否达到现行建筑节能设计标准要求。

e. 检测结果形成分析报告，并与照明竣工图以及现行的居住建筑节能设计标准进行对照。当不满足标准规定时，应开展改造工作。

（1）照明功率密度

① 现场查看居住建筑各主要功能区域照明灯具及镇流器是否属于节能产品，对于存在使用低效照明灯具和镇流器的区域，应考虑更换。

白炽灯和卤钨灯属于传统光源，在一些老旧居住建筑中仍可能存在，这些光源的光效很低。采用高能效的光源是照明节能的基础，LED 光源、荧光灯光源、高压气体灯光源等综合能效均较高，有良好的节电效果（表 2.5-2）。

各种电光源的能效指标   表 2.5-2

光源种类	光效/(lm/W)	光效参考平均值	平均寿命/h
普通白炽灯	7.3～25	19.8	1000～2000
卤钨灯	14～30	22	1500～2000
荧光高压汞灯	32～55	43.5	5000～10000
紧凑型荧光灯	44～87	65.5	5000～8000
普通直管荧光灯	60～70	65	6000～8000
金属卤化物灯	52～130	91	5000～10000
白光 LED 灯	70～140	105	10000～50000
三基色荧光灯	93～104	98.5	12000～15000
高压钠灯	64～140	102	12000～24000
高频无极灯	55～70	62.5	40000～80000

在照明系统诊断中，应重点核查项目是否使用了发光效率较低的需要淘汰的落后灯具，若存在这些灯具，应制定相应的改造计划进行更换。

对于照明灯具的附属产品镇流器，其耗电量也不容忽视。各种气体放电灯电感镇流器功耗一般约为灯功率的 20%，如 36W 荧光灯电感镇流器的功耗一般为 9W，而电子镇流器功耗可低至 3.5W 左右。国家标准《管形荧光灯镇流器能效限定值及能效等级》GB 17896—2012 中确定了管形荧光灯电子镇流器的能效等级及能效限定值，共分为 3 个等级，其中 3 级最低，1 级最高。电子镇流器的能效不应低于该标准中的 2 级要求。

② 选择居住建筑的公共区域，对照明功率密度进行检测，判定其是否满足现行国家标准《建筑照明设计标准》GB 50034 的限值要求，如有超标情况，应考虑改造。部分照明功率密度限值要求见表 2.5-3。

（2）照度

既有居住建筑中经常存在室内灯具照度值低下的问题，这会严重影响室内正常活动，因此有必要开展照度诊断。

照度诊断宜按如下步骤进行：

住宅建筑照明功率密度限值 表 2.5-3

房间或场所	照度标准值/lx	照明功率密度限制/(W/m²)	
		现行值	目标值
起居室	100	≤6.0	≤5.0
卧室	75		
餐厅	150		
厨房	100		
卫生间	100		
职工宿舍	100	≤4.0	≤3.5
车库	30	≤2.0	≤1.8

a. 每类场所或房间至少抽取一个进行测试；

b. 对抽取的房间进行照度指标检测；

c. 计算并分析测试结果：重点分析最低和最高照度、平均照度以及照度的空间分布，并与建筑照明设计标准限值进行比较，判定其是否满足要求；

d. 对于照明质量不满足标准的功能房间，应分析原因并提出具体的改进措施。

（3）照明控制策略

现场核查公共部位控制是否采用人体感应、自熄延时等较为节能的控制方式。

照明系统常用节能控制方式包括定时、人体感应控制、调光控制等，避免长明灯的现象。根据实际的情况和条件，建筑照明系统应适当增加照明灯具的自动控制，在楼梯间采用人体感应控制（红外或超声波雷达探测等）可以有效节约能耗。根据统计，走廊采用节能控制可以节省 30%～40% 的照明用电。在有自然采光的区域，例如外窗周围、有自然采光的地下车库等空间，照明系统的控制考虑使用照度感应调光控制，在自然光满足功能空间照度的情况下，自动关闭人工光源，减少照明能耗。

需要注意的是，照明系统的自控，应考虑灯具的自身技术特点，避免反复频繁开关造成灯具寿命下降；因此，调光控制宜选用 LED 可调色调光灯具或调光性电器镇流器荧光灯。

2.5.3 诊断案例

案例 1：某居住建筑供配电系统节能诊断

现象：该项目供配电系统基本情况如下：大楼地下三层设总配变电室，承担所有用电负荷。现有 4 台 1600kVA 干式变压器，其中 1 号、2 号、3 号变压器为日常照明、动力用电供电，4 号变压器专门设置为集中空调供电，只在供暖期和制冷季运行。

诊断过程：

（1）核查目前采用的变压器类型，为 SCB 10 干式变压器；

（2）现场用电能质量分析仪测试 1 号变压器相关电参数，包括有功功率、无功功率、负荷率、最低功率因数、三相电压不平衡度最大值、三相电流不平衡度最大值。

4号变压器过渡季节不运行，收集其历史运行记录。具体数据如表2.5-4、表2.5-5所示。

测试期1号变压器负荷统计表　　　　　　　　　　表 2.5-4

记录日期	有功功率/kW	无功功率/kW	运行负载率/%	最低功率因数	三相电压不平衡度最大值/V	三相电流不平衡度最大值/A
2008-4-13	112.875	34.5	7	0.908	0.4	32.5
2008-4-14	180.5	45.75	11	0.9	0.4	30.9
2008-4-15	172.75	39.5	10	0.94	0.5	28.4
2008-4-16	177.15	42.75	11	0.908	0.6	33.5
2008-4-17	187.8	50.75	11	0.91	0.6	36.4
2008-4-18	177.6	48.75	11	0.911	0.6	34.4
2008-4-19	111.925	35.5	6	0.911	0.6	32.4
2008-4-20	121.775	38.5	7	0.911	0.5	28.9
2008-4-21	195.2	51.5	12	0.916	0.6	27.3

供暖期4号变压器负荷统计表　　　　　　　　　　表 2.5-5

记录日期	有功功率/kW	无功功率/kW	运行负载率/%	最低功率因数	三相电压不平衡度最大值/V	三相电流不平衡度最大值/A
2007-7-1	314.6	116.75	19	0.908	0.4	10
2007-7-2	298.65	105.5	18	0.919	0.5	6.5
2007-7-3	311.8	105.75	19	0.919	1	7.1
2007-7-4	305.45	103.5	19	0.916	0.5	5.9
2007-7-5	313	106.5	19	0.926	0.4	6.4
2007-7-6	334.525	119.75	20	0.925	0.5	6.4
2007-7-7	250.975	78.5	15	0.918	0.4	8.4
2007-7-8	257.35	76.25	16	0.909	0.4	7.2
2007-7-9	316.475	108.25	19	0.925	0.4	6.6
2007-7-10	331.425	113.75	20	0.928	0.5	6

（3）分析各指标值是否在合理范围内。

诊断结果：目前所选用的变压器为节能产品。变压器三相电压、电流平衡度较好，功率因数较高。变压器负荷率较低，在非供暖期和制冷季的变压器负荷率最大只有13%，在供暖期和制冷季4号变压器负荷率最大也只有25%。

建议：使用2台变压器全部负荷，另外2台变压器备用运行方式，以节省其中2台变压器的空载损耗。

案例2：照明系统节能诊断

某居住建筑楼道走廊照明系统能耗高，不满足节能要求。

诊断过程：

（1）查看各主要功能区域照明灯具及镇流器类型：楼道、走廊的公共部分照明以荧光灯为主。

（2）测试主要功能房间的照度及照明功率密度等指标值，实测照度15.3lx，照明功率密度5.1W/m²。

（3）查看各主要功能区域照明控制方式：公共区域的照明控制方式以就地手动控制为主。

诊断结果：

走廊内采用的荧光灯具效率较低，导致照明功率密度偏高，但实测照度不够；现有的荧光灯具效率较低，导致相当一部分房间内照明功率密度超标，但房间内实测照度不高；大厅、走廊等公共区域的照明控制为就地手动控制，未采取节能控制措施。

建议：更换高效节能灯具，如将T8荧光灯改为T5三基色荧光灯或LED灯；对于大厅、走廊等公共区域的照明控制增加控制措施，采用分时控制方式。

参 考 文 献

[1] 中国建筑科学研究院. 民用建筑热工设计规范：GB 50176—2016 [S]. 北京：中国建筑工业出版社，2016.

[2] 中国建筑科学研究院. 居住建筑节能检测标准：JGJ/T 132—2009 [S]. 北京：中国建筑工业出版社，2009.

[3] 中国建筑设计研究院. 住宅设计规范：GB 50096—2011 [S]. 北京：中国建筑工业出版社，2011.

[4] 中国建筑科学研究院. 建筑通风效果测试与评价标准：JGJ/T 309—2013 [S]. 北京：中国建筑工业出版社，2011.

3 建 筑

3.1 屋面

居住建筑屋面散失的热量约占建筑整体耗能的 5%～10%，既有居住建筑屋面低能耗改造类型主要分为保温技术和隔热技术两种。改造前，应检测原建筑屋面的传热系数。若不满足既有居住建筑低能耗改造的指标时，应进行改造。

严寒和寒冷地区的既有居住建筑主要存在保温层失效的问题，这会导致建筑顶层出现冬天冷、夏天热的情况，对屋面进行保温改造有助于改善顶层居住空间的温度环境。夏热冬冷及夏热冬暖地区的既有居住建筑，其屋面在炎热的夏季是所有建筑围护结构中接受太阳辐射热最多的部位，也是建筑隔热设计要重点处理的部位。通常水平屋面外表面的空气综合温度可达到 60～80℃，顶层室内温度比其下层室内温度要高出 2～4℃，通过屋面进入室内的热量是造成顶层居住空间温湿度环境和热舒适性差的最主要原因。而建筑屋顶在寒冷的冬季，其耗热量约占住宅建筑总热量损耗的 10%，这部分热量由顶层住户的屋面损失，因此对顶层住户的影响也很大。对既有居住建筑的屋面进行低能耗改造对调节和改善建筑物内的微气候条件、满足人们舒适度要求有着十分重要的作用。

严寒及寒冷地区宜采用保温技术，夏热冬冷及夏热冬暖地区宜采用隔热技术或保温技术。改造时应选用导热系数小、蓄热系数大且密度较小的材料，应充分考虑当地气候条件对建筑的影响，结合建筑的使用功能、屋面的结构类型、建筑防水做法、当地施工条件及周边环境特征等多方面因素，权衡决定屋面节能改造的具体措施。

3.1.1 保温

常见的屋面低能耗保温改造技术有正置式屋面改造、倒置式屋面改造、平屋面改坡屋面改造、坡屋面改造。改造时应选用导热系数小、蓄热系数大且密度较小的材料。

1）正置式屋面

正置式屋面保温的基本构造如图 3.1-1 所示，主要特点是防水层在保温层的上部。这种做法能够保护保温层，避免其受到剧烈温度变化带来的应力影响。

正置式屋面的最大优点是对保温材料吸水性没有过高要求，可以节约成本。缺点在于施工程序相对复杂，屋面开裂、老化问题显著，使用时间短，而且一旦正置式屋面某个部位出现渗漏点，就会导致严重的渗漏问题。

在进行正置式屋面保温改造时，首先要清理旧有的、破损的防水层和保温层；然后按照图 3.1-1 的方式，重新进行屋面保温和防水层施工。

正置式屋面保温的技术要点如下：

① 可选用挤塑聚苯板、模塑聚苯板、硬泡聚氨酯等作为保温材料。

② 可以同时使用两种保温材料的复合，但要注意其排列方式。

③ 通常会在保温层的下部增设隔汽层，在保温层的上部做找平。

2）倒置式屋面

倒置式屋面保温与正置式屋面保温正好相反，保温层设置在防水层之上，其构造如图 3.1-2 所示。这种构造对防水层起到防护作用，一方面使其不受外界气候变化的影响，另一方面也降低了防水层受到机械损伤的概率，延长防水层的使用年限。

倒置式屋面保温的防水层在保温层之下，可以不设置隔汽层，在屋顶防水没有被破坏的前提下，可以直接进行保温改造，施工简单易行，节省造价，同时方便后续维修。

但倒置式屋面在实际应用中也暴露出一些问题，如防水层易受交叉施工和结构裂缝影响，存在劣质防水材料以次充好现象，渗漏点治理时需全部铲除上部结构层再进行防水修补，成本极高等。

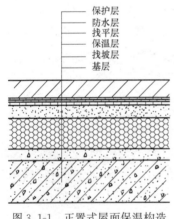

图 3.1-1 正置式屋面保温构造

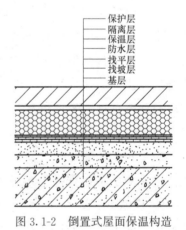

图 3.1-2 倒置式屋面保温构造

倒置式屋面保温的技术要点如下：

① 一般用于已做找平层的屋面，坡度不宜大于 10％。

② 应采用吸水率低、有一定压缩强度的保温材料，如挤塑聚苯板、硬泡聚氨酯板以及喷涂硬泡聚氨酯等。

③ 保温层的上部应采用卵石、块体材料或内嵌增强网的水泥砂浆作为保护层兼压置层，且保温层与保护层之间应铺设隔离层。

近年来，随着憎水性保温材料的大量应用及倒置式屋面技术的发展，倒置式屋面设计得到重视和推广。

3）平改坡屋面

平改坡工程是指在建筑物结构许可、地基承载力达到要求的情况下，将多层楼房平屋面改造为坡屋顶的房屋修缮工程。平改坡工程有效缓解了住宅楼顶层住户保温隔热性能差等问题，减少了能源消耗。

平屋面改坡屋面改造主要有以下三种方式：

① 在平屋顶上再增加坡屋顶。保温节能措施在原平屋顶上实施，新坡屋顶解决防水问题。这种方案实施起来相对比较简单，对原住宅影响最小。

② 拆掉原有建筑旧平屋顶，换成坡屋顶。此方案实施难度较大，对原建筑影响很大，不建议采取此方案。

③ 原平屋顶改造成楼板，利用新坡屋顶的三角形空间做成阁楼。这个方案可增加部分建筑面积，比直接在平屋顶上再增加坡屋顶的投资高。

为了最小程度地增加原结构承受的载荷，平改坡要求坡屋顶采用质量轻的建筑材料。轻型钢结构屋架以其重量轻、安装施工方便等优点，成为目前平改坡工程的普遍做法。

轻钢结构坡屋面基本构造方案为：通过在原有结构上新浇筑钢筋混凝土梁，将钢屋架与原结构相连接，在其上布置钢檩条后铺设屋面瓦或压型钢板，并在坡屋面上设置老虎窗，以作装饰及通风之用。

为了保证轻型钢架与原屋面结构牢固连接，增强新增坡屋顶屋面的整体刚度，必须在原有平屋顶承重墙上增设现浇钢筋混凝土梁。常见的连接方法有两种，一种是在外墙原圈梁处新增钢筋混凝土圈梁，在承重墙处将纵向圈梁伸出一段短卧梁，同时浇捣（长度大于 500mm），以保证侧向刚度；另一种是在外墙一圈及钢架下部沿房屋横向承重墙的位置，均浇筑钢筋混凝土过梁，过梁与圈梁共同作为轻型钢架的连接支撑点，可以在圈（过）梁上设置多个预埋钢板与钢架节点连接。

钢结构坡屋顶施工流程：搭脚手架→清理屋面、放屋架支撑墩位置线→沿线、剔凿屋面混凝土到圈梁、清理浮土→打眼、植筋、支模、浇混凝土墩→养护→钢屋架吊装定位、电焊、满焊→上檩条→钉望板、新做老虎窗→挂屋面瓦→刷外墙涂料→验收屋面→拆除外脚手架。

4）坡屋面

坡屋面的坡度一般在 20%～90%，其基本构造如图 3.1-3 所示。

坡屋面改造的技术要点如下：

① 保温材料一般选用挤塑聚苯板、硬泡聚氨酯板或整体喷涂硬泡聚氨酯。

② 在防水层之上设置保温层，二者用保温板粘结砂浆粘住，并在保温层的上面设防护层。

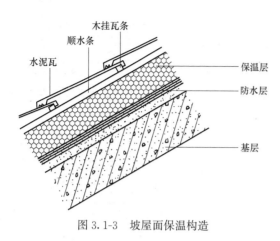

图 3.1-3 坡屋面保温构造

（图中标注：木挂瓦条、顺水条、水泥瓦、保温层、防水层、基层）

③ 当采用带有自防水功能的瓦材时，可在防水层之下设置保温层，二者同样用保温板粘结砂浆黏结。

④ 对于坡度大于 0.45 的屋面，除牢固粘贴保温板材外，宜在檐口端部设置挡台。

3.1.2 隔热

常见的屋面低能耗隔热技术改造形式有种植隔热屋面、架空通风隔热屋面、平改坡。

1）平屋面

夏热冬冷地区既有居住建筑常见屋面有五种情况，即种植屋面、通风坡屋面、简易架空板通风屋面、刚性防水上人屋面、柔性防水不上人屋面。改造前应对建筑物的安全质量进行现场勘查和评估，对主体和承重结构安全性能不符合相关标准规定的既有建筑，宜同步开展结构加固和低能耗改造。同时改造前应对原建筑屋面的传热系数进行测试，不符合规定时，应按符合低能耗指标进行改造，改造时应注意以下几个方面：

① 破损严重的屋面，清除屋面板上所有层次，结合屋面防水翻新，重新设置防水层，增设保温隔热层，屋面形式宜采用倒置式，荷载允许时也可改造为种植屋面。

② 一般损坏的屋面，结合屋面防水翻修，增设保温隔热层，屋面形式宜采用倒置式，荷载允许时也可改造为种植屋面。

③ 基本完好的屋面。对于种植屋面，不需改造；通风坡屋面，在顶棚上平铺防火保温材料；简易架空板通风屋面，应清除架空板，做倒置保温屋面，荷载允许时也可改造为种植屋面；刚性防水上人屋面和柔性防水不上人屋面，可做倒置保温屋面，荷载允许时也可改造为种植屋面、平改坡等。

④ 屋面保温材料应采用板材类保温材料，宜用一体化屋面复合保温装饰板。

（1）种植屋面隔热保温改造

种植屋面是在基础屋面层（包括结构层、保温层、防水层等基础屋面层）辅以种植土、在容器或种植模块中栽种植物来覆盖建筑屋面的一种绿化形式，兼具防水、保温、隔热和生态环保作用。既有居住建筑屋面种植改造的技术特点及要求如下：

① 改造前，应先对原建筑结构进行鉴定，核算原结构承载能力。对不满足承载要求的原建筑屋面，应在加固处理后进行种植改造。

② 改造时，应优先选用简单式种植和容器种植，植被宜以地被植物为主。

③ 具体改造要求：a. 屋面结构形式应为钢筋混凝土板平屋面。b. 改造前应对防

水层进行评估鉴定，确定是否满足改造要求。c. 原有防水层仍具有防水能力时，可在其上增加一道耐植物根穿刺的防水层，新旧两道防水层应相容。d. 当原有防水层丧失防水能力时，应清除原防水层，并按种植屋面防水要求重新铺设防水层。e. 当既有建筑屋面不满足低能耗设计要求时，应按低能耗计算增设保温层。保温层若铺设在原有防水层上，应先铺设水泥砂浆隔离层。f. 既有建筑屋面改造为种植屋面时，应满足安全防护要求。g. 宜选用轻量化的种植土。h. 改造时应同时考虑屋面防雷系统。

④ 根据以上技术要点，提供几种不同现状条件下的改造做法供参考，如表 3.1-1 所示。

不同情况的构造改造　　　　　　　　　　　　　表 3.1-1

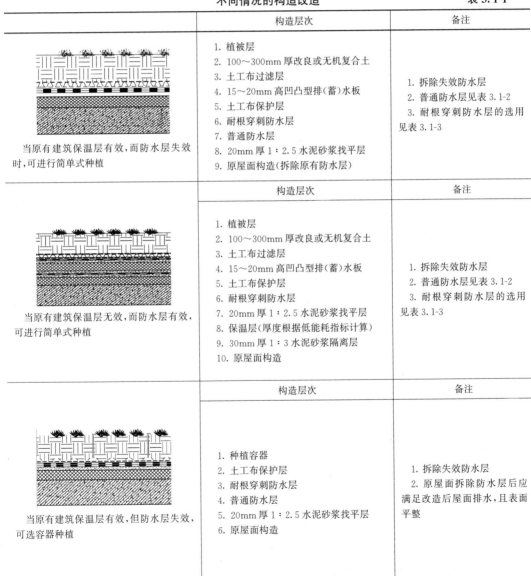

	构造层次	备注
当原有建筑保温层有效,而防水层失效时,可进行简单式种植	1. 植被层 2. 100~300mm 厚改良或无机复合土 3. 土工布过滤层 4. 15~20mm 高凹凸型排(蓄)水板 5. 土工布保护层 6. 耐根穿刺防水层 7. 普通防水层 8. 20mm 厚 1:2.5 水泥砂浆找平层 9. 原屋面构造(拆除原有防水层)	1. 拆除失效防水层 2. 普通防水层见表 3.1-2 3. 耐根穿刺防水层的选用见表 3.1-3
	构造层次	备注
当原有建筑保温层无效,而防水层有效,可进行简单式种植	1. 植被层 2. 100~300mm 厚改良或无机复合土 3. 土工布过滤层 4. 15~20mm 高凹凸型排(蓄)水板 5. 土工布保护层 6. 耐根穿刺防水层 7. 20mm 厚 1:2.5 水泥砂浆找平层 8. 保温层(厚度根据低能耗指标计算) 9. 30mm 厚 1:3 水泥砂浆隔离层 10. 原屋面构造	1. 拆除失效防水层 2. 普通防水层见表 3.1-2 3. 耐根穿刺防水层的选用见表 3.1-3
	构造层次	备注
当原有建筑保温层有效,但防水层失效,可选容器种植	1. 种植容器 2. 土工布保护层 3. 耐根穿刺防水层 4. 普通防水层 5. 20mm 厚 1:2.5 水泥砂浆找平层 6. 原屋面构造	1. 拆除失效防水层 2. 原屋面拆除防水层后应满足改造后屋面排水,且表面平整

续表

	构造层次	备注
当原有建筑保温层无效,但防水层有效,可选容器种植	1. 种植容器 2. 土工布保护层 3. 耐根穿刺防水层 4. 20mm 厚 1∶2.5 水泥砂浆找平层 5. 保温层(厚度据低能耗指标计算) 6. 30mm 厚 1∶3 水泥砂浆隔离层 7. 原屋面构造	1. 拆除失效防水层 2. 原屋面拆除防水层后应满足改造后屋面排水,且表面平整

以上普通防水层和耐根穿刺防水层均可参见表 3.1-2 和表 3.1-3。

普通防水层材料　　　　　　　　　　　　　　　　　　　表 3.1-2

编号	普通防水层材料	最小材料厚度/mm
F1	改性沥青防水卷材	4
F2	自黏聚酯胎改性沥青防水卷材	3
F3	三元乙丙橡胶防水卷材	1.2
F4	聚氯乙烯(PVC)防水卷材	1.3
F5	热塑性聚烯烃(TPO)防水卷材	1.2

注:源于《种植屋面工程技术规程》JGJ 155—2013。

耐根穿刺防水层材料　　　　　　　　　　　　　　　　表 3.1-3

编号	耐根穿刺防水层材料	最小材料厚度/mm	相容普通防水层
NF1	弹性体 SBS 改性沥青防水卷材(含化学阻根剂)	4	F1、F2
NF2	弹性体 APP 改性沥青防水卷材(含化学阻根剂)	4	F1、F2
NF3	自黏性聚合物改性沥青防水卷材	4	F1、F2
NF4	聚氯乙烯(PVC)防水卷材	1.2	F4
NF5	热塑性聚烯烃(TPO)防水卷材	1.2	F3、F5
NF6	三元乙丙橡胶防水卷材	1.2	F3、F5
NF7	喷涂聚脲防水涂料	2	F5

注:源于《种植屋面建筑构造》14J206。

(2) 架空通风隔热屋面

架空隔热屋面是用烧结黏土或者混凝土支撑的薄形制品,覆盖在屋面上并且架设一定高度的空间,利用空气流动加快散热,起到隔热作用的屋面。架空通风屋顶在我国夏热冬冷地区被广泛采用,尤其是在气候炎热多雨的夏季,这种屋面构造形式更显示出它的优越性。一方面利用通风间层的外层遮挡阳光,如设置带有封闭或通风的空气间层遮阳板拦截直接照射到屋顶的太阳辐射热,使屋顶变成两次传热,避免太阳辐射热直接作用在围护结构上;另一方面利用风压和热压的作用,尤其是自然通风,将遮阳板与空气接触的上下两个表面所吸收的太阳辐射热转移到空气中随风带走,风速越大,带走的热量越多,隔热效果也越好,大大提高了屋面的隔热能力,从而减少室外热作用对内表面的影响（图 3.1-4）。

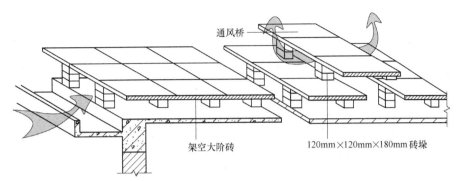

图 3.1-4　架空隔热通风屋面示意图

在做架空通风隔热屋面改造时，应对原有屋面的防水层做出诊断，同时应对其保温层的热工性能进行测试。因为绝大多数的既有居住建筑屋面采用的是正置式保温屋面，因此当原有防水层有效而保温层无效或不能满足要求时，应清除原有屋面的保温和防水层，重新做保温和防水，以保证满足要求。当原有防水层无效而保温层有效但不能满足要求时，可根据指标要求在原有屋面基础上增设保温层和防水层，然后再做架空通风隔热屋面改造。

为了有效隔热，屋面架空层的高度和进风口的位置等十分重要，其基本构造层次如图 3.1-5 所示，构造做法要求见表 3.1-4：

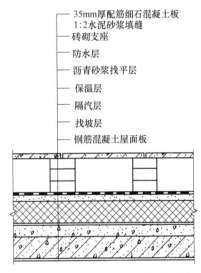

—— 35mm 厚配筋细石混凝土板
—— 1:2 水泥砂浆填缝
—— 砖砌支座
—— 防水层
—— 沥青砂浆找平层
—— 保温层
—— 隔汽层
—— 找坡层
—— 钢筋混凝土屋面板

图 3.1-5　架空隔热通风屋面构造示意图

屋面构造做法　　　　　　　　表 3.1-4

构造位置	要　　求	说　　明
屋面坡度	不宜大于 5%	坡度越大,架空层越难以固定
架空层高度	一般为 180～300mm,当屋面较宽,因风道中阻力增加,架空层可适当增高;当屋面坡度较小,进风口与出风口的压力差较小时,架空层适当增高	架空高度应根据屋面宽度和坡度大小来确定
进出风口位置	进风口应位于夏季主导风正压区,出风口应位于夏季主导风负压区	有利于架空层内气流顺畅
架空板与女儿墙的距离	不宜小于 250mm,但不宜过大,否则减弱隔热效果	防止屋面收缩挤压架空板,防止堵塞气流
通风屋脊设置	当屋面宽度大于 5m 时,应设置通风屋脊	通风路径太长,会降低气流速度,减弱隔热效果

在做架设通风隔热层时应注意不要破坏防水层。具体方法可参考图集《平屋面建筑构造》12J201。

（3）平改坡屋面

"平改坡"是指在建筑结构许可条件下，将多层住宅平屋面改建成坡屋顶，并对外立面进行整修粉饰，达到改善住宅性能和建筑物外观视觉效果的房屋修缮行为。早年盖的房子多为平顶，节省材料。但是平顶楼房的房顶容易渗漏，保温不好。

坡顶一般采用双坡、四坡等不同形式，在视线上考虑平视、俯视、仰视等不同的视觉效果，一般高度在 2～3m，当坡屋面角度小于 32°时，不影响周围的日照时间和面积。目前，许多建于 20 世纪七八十年代的低层或多层平顶建筑，顶层房间普遍存在漏雨、冬冷、夏热的问题。

实践证明，坡屋顶与平屋顶相比具有通风好、冬季保温、夏季凉爽的优点。"平改坡"具有投资少、施工周期短、见效快等明显优点。"平改坡"还能够改善城市面貌，改善建筑的排水，有效防止渗漏，有效提高屋顶的保温、隔热功能，提高旧房的热工标准，达到节约能源、改善居住条件的目的。示意图见图 3.1-6 和图 3.1-7。

图 3.1-6　平改坡工程示意图

在平改坡改造设计中，有以下技术要点：

① 坡屋面结构与原结构的连接主要采取在原屋面的圈梁、砖承重墙或梁柱内植筋的方法，植筋前需要将原屋面防水层及保温层局部铲除，露出原屋面结构，植筋后浇筑作为新增钢屋架的钢筋混凝土支墩或连系梁，并埋设支座埋件，不能将钢屋架直接落于原屋面板上。

② 保温层铺设在坡屋顶的闷顶层底板上，改造后的阁层内可分为上人阁楼和不上人阁楼，上人阁楼可采用屋面复合保温装饰板，不上人阁楼可直接铺贴面层带铝箔的岩棉板。

③ 平改坡后的坡屋顶宜设通风换气口（面积不小于顶棚面积的 1/300），并将通风换气口做成可启闭的，夏天开启，便于通风；冬天关闭，利于保温。

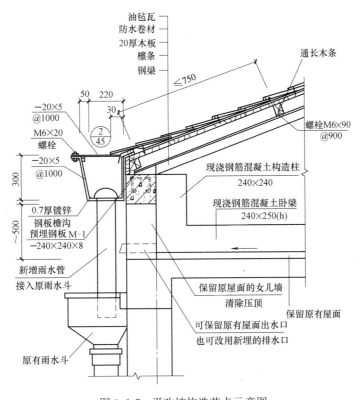

油毡瓦
防水卷材
20厚木板
檩条
钢梁

通长木条

≤750

50 220
30
−20×5
@1000
M6×20
螺栓

2
45

螺栓M6×90
@900

−20×5
@1000

现浇钢筋混凝土构造柱
240×240

现浇钢筋混凝土卧梁
240×250(h)

300

~500

0.7厚镀锌
钢板檐沟
预埋钢板 M-1
−240×240×8

新增雨水管
接入原雨水斗

保留原屋面的女儿墙
清除压顶

保留原有屋面

可保留原有屋面出水口
也可改用新埋的排水口

原有雨水斗

图 3.1-7 平改坡构造节点示意图

④ 屋面设计尚应符合现行国家标准《屋面工程技术规范》GB 50345 的要求。

⑤ 详细改造做法也可参考图集《平屋面改坡屋面建筑构造》03J203 的做法。

2）坡屋面改造

坡屋面，作为多层住宅设计采用的一种屋面构造形式，不仅具有美化建筑与城市建筑形象的作用，还能增加住宅用户的使用空间。具体来说，坡屋面能够减少屋面渗漏与顶层墙体开裂，具有降低顶层夏季闷热的作用。但多层住宅的屋面构造形式，会增加坡屋面的室外冷热作用面积，因此，设计人员应通过设置保温层来保障建筑用户保温与御寒效果。

在既有居住建筑坡屋面低能耗保温改造方面，可参照前面寒冷地区的坡屋面保温改造方法，但改造后屋面的热工指标需达到低能耗改造技术指标要求。本书提供适用于带闷顶层且基础承载能力允许的坡屋面既有居住建筑的低能耗隔热保温改造方法，改造时应注意以下几个方面：

① 本系统的保温层应铺设在坡屋顶的闷顶层底板上（图 3.1-8）。改造后的阁层内可分为上人阁楼和不上人阁楼，上人阁楼可采用屋面复合保温装饰板，不上人阁楼可直接铺贴面层带铝箔的岩棉板。屋面复合保温装饰板构件为工厂化生产，产品尺寸、热工和力学性能稳定，容易保证整体工程质量，简化屋面构造，施工简便快捷，

且现场湿作业少、施工及检修方便、保温隔热效果好，岩棉板施工工艺简便，综合造价低，而且铝箔具有发射辐射热的性能，对屋面隔热具有显著作用。

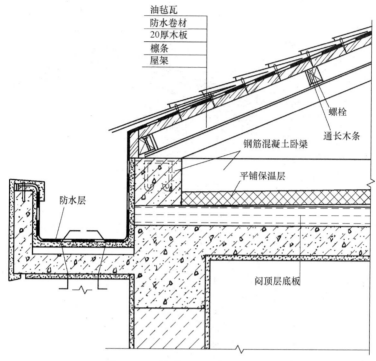

图 3.1-8　坡屋面改造构造示意图

② 技术要求

保温层板材的燃烧性能应符合国家标准《建筑设计防火规范》GB 50016—2014（2018 年版）的相应要求。

屋面复合保温装饰板主要技术要求见表 3.1-5，岩棉板主要技术要求见表 3.1-6。

不同改造工程所需屋面复合保温装饰板或岩棉板厚度，按照编制说明要求或国家和地方相关标准要求，经计算确定。

闷顶层底板上人屋顶直接铺贴屋面复合保温装饰板，垫层材料铺平压实，板面平整，板缝灌注专用粘胶。

闷顶层底板不上人的阁层内可直接铺贴带铝箔的岩棉板，板缝用铝箔保温胶带封口。

复合保温装饰板主要技术要求　　　　　　　　　　　　表 3.1-5

序号	检验项目	性能要求	试验方法
1	密度/(kg/m³)	≤950	GB/T 5486—2008
2	抗压强度/kPa	≥200	GB/T 5486—2008
3	体积吸水率/%	≤3%	GB/T 5486—2008
4	导热系数(芯材 XPS)/[W/(m·K)]	≤0.03	GB/T 10294—2008
5	修正系数	1.8	
6	燃烧性能	不低于 B2 级	GB 8624—2012

岩棉板主要技术要求　　　　　　　　　　　　表 3.1-6

序号	检验项目	性能要求	试验方法
1	容重/(kg/m³)	120～150	GB/T 5486—2008
2	导热系数/[W/(m²·k)]	≤0.045	GB/T 10295—2008
3	压缩强度/kPa	≥40	GB/T 13480—2014
4	尺寸稳定性	长度、宽度和厚度的相对变化率不大于1%	GB/T 8811—2008
5	憎水率	≥98%	GB/T 10299—2011
6	燃烧性能	A 级	GB/T 8624—2012

3）蓄水隔热屋面

蓄水屋面就是在屋面上蓄积一定厚度的水面，利用水的蒸发降温来提高屋面隔热性能的一种屋面形式。蓄水屋面的隔热原理，主要是利用水分蒸发时需要吸收大量的汽化热，而这部分热量来源于屋面的热量和太阳辐射的热量，所以可以大大减少通过屋顶传入室内的热量。此外水对太阳辐射的反射作用，也能阻止部分太阳辐射给屋面带来的热量。夏热冬暖地区和温和地区降雨丰富，且天气炎热，冬季不会结冰，蓄水屋面适用于该地区。

蓄水屋面也存在一些缺点：夜间，屋面因为蓄水层的保护，不利于屋面的对外散热，造成屋面外表面的温度高于无水屋面；蓄水屋面增加了屋面的静荷载。蓄水屋面对屋面的防水提出了更高的要求。

蓄水屋面的技术要点有如下几点：

① 蓄水屋面的蓄水池应采用强度不低于 C25 的钢筋混凝土，蓄水池内采用 20mm 厚渗透结晶型防水砂浆抹面。

② 蓄水屋面的蓄水池池底排水坡度不宜大于 0.5%。

③ 蓄水屋面应划分为若干蓄水区，每区的边长不宜大于 10m，在变形缝的两侧应分成两个互不连通的蓄水区；长度超过 40m 的蓄水屋面应设分仓缝，分仓隔墙可采用混凝土或砖砌体。

④ 为了确保每个蓄水区混凝土的整体防水性，要求蓄水池混凝土应一次性浇筑完毕，不得设施工缝。

⑤ 蓄水屋面应设排水管、溢水口和给水管，排水管应与水落管或其他排水出口连通。

⑥ 蓄水屋面的蓄水深度宜为 150～200mm。

⑦ 蓄水屋面泛水的防水层高度，应高出溢水口 100mm。

⑧ 蓄水屋面应设置人行通道。

蓄水屋面的构造做法有如下几种（表 3.1-7）：

蓄水屋面构造做法 表 3.1-7

简图	构造做法	备注
无保温层	蓄水 150～200mm 20mm 厚防水砂浆抹面 60mm 厚钢筋混凝土水池 10mm 厚低强度等级砂浆隔离层 15mm 厚聚合物水泥砂浆 最薄处 30mm 厚，LC5.0 轻集料混凝土，0.5％找坡层 钢筋混凝土屋面板	
有保温层	蓄水 150～200mm 20mm 厚防水砂浆抹面 60mm 厚钢筋混凝土水池 10mm 厚低强度等级砂浆隔离层 15mm 厚聚合物水泥砂浆 最薄处 30mm 厚，LC5.0 轻集料混凝土，0.5％找坡层 保温层或隔热层 钢筋混凝土屋面板	
无保温	蓄水 150～200mm 20mm 厚防水砂浆抹面 60mm 厚钢筋混凝土水池 10mm 厚低强度等级砂浆隔离层 防水层 20mm 厚 1∶3 水泥砂浆找平层 最薄处 30mm 厚，LC5.0 轻集料混凝土，0.5％找坡层 钢筋混凝土屋面板	防水层做法见 12J201 平屋面建筑构造 J1、J2 防水做法选用表

简图	构造做法	备注
 有保温层	蓄水 150～200mm 20mm 厚防水砂浆抹面 60mm 厚钢筋混凝土水池 10mm 厚低强度等级砂浆隔离层 防水层 20mm 厚1:3水泥砂浆找平层 最薄处 30mm 厚，LC5.0 轻集料混凝土，0.5% 找坡层 保温层 钢筋混凝土屋面板	防水层做法见 12J201 平屋面建筑构造 J1、J2 防水做法选用表
 无保温层	150～200mm 厚蓄水加蛭石 40mm 厚卵石层(粒径 20～40mm) 60mm 厚钢筋混凝土水池 10mm 厚低强度等级砂浆隔离层 防水层 20mm 厚1:3水泥砂浆找平层 最薄处 30mm 厚，LC5.0 轻集料混凝土，0.5% 找坡层 钢筋混凝土屋面板	无土栽培种植屋面 防水层做法见 12J201 平屋面建筑构造 J1、J2 防水做法选用表
 有保温层	150～200mm 厚蓄水加蛭石 40mm 厚卵石层(粒径 20～40mm) 60mm 厚钢筋混凝土水池 10mm 厚低强度等级砂浆隔离层 防水层 20mm 厚1:3水泥砂浆找平层 最薄处 30mm 厚，LC5.0 轻集料混凝土，0.5% 找坡层 保温层 钢筋混凝土屋面板	无土栽培种植屋面 防水层做法见 12J201 平屋面建筑构造 J1、J2 防水做法选用表

3.2　外墙

　　建筑外墙是围护结构中传热面积最大的部分，通过提升墙体的保温隔热性能，可以有效降低建筑能耗。既有居住建筑外墙低能耗改造类型分为外保温改造技术、内保温改造技术、垂直绿化隔热改造技术、反射涂料隔热改造技术四种。

严寒及寒冷地区的既有居住建筑宜采用外保温改造技术，改造后热损失较内保温改造技术降低约 20%。严寒及寒冷地区的既有居住建筑采用内保温改造技术相比外保温改造技术，在供暖季外墙的热桥部分会产生附加热损失，使外墙内表面和内保温结构的连接处产生潮湿、结露现象，严重时甚至会由于冻融循环出现发霉淌水现象，大大降低保温体系的耐久性。另外，内保温体系也由于其储热性能差，不能有效地维持室内温度。因此在严寒及寒冷地区，只有当外保温施工较为困难或需要保持既有建筑原貌时，才会考虑采用内保温体系。此外，在进行既有建筑围护结构改造时，外保温改造技术在施工过程中不需要居民搬迁，对居民生活的干扰较小，施工完成后也不会减少居民的室内使用空间；外墙外保温技术还可以与建筑立面改造相结合，使建筑焕然一新。

夏热冬冷及夏热冬暖地区的既有居住建筑宜采用外墙内保温改造技术、垂直绿化隔热改造技术、反射涂料隔热改造技术。改造时应选用导热系数小、蓄热系数大且密度较小的材料。

3.2.1 外保温

外墙外保温技术是将保温隔热材料设置在既有建筑外墙的外侧，以起到保温隔热效果的节能处理技术，图 3.2-1 展示了外墙外保温的基本构造。目前常用的外墙外保温技术有泡沫塑料保温板保温系统、胶粉聚苯颗粒浆料保温系统、硬泡聚氨酯保温系统、装配式保温装饰一体化外墙外保温系统、岩棉板保温系统等。外保温系统对施工质量要求极高，施工工艺复杂，施工时应遵循现行行业标准《外墙外保温工程技术标准》JGJ 144。采用外墙外保温技术有以下优点：首先可以有效避免热桥的产生；其次能够维持室内温度稳定，营造舒适的居住环境；再次可以提高既有居住建筑材料和结构体系的耐久性。

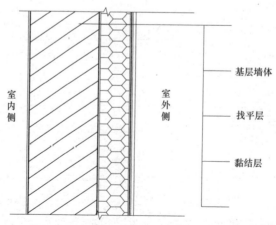

图 3.2-1 外墙外保温的构造示意图

1) 泡沫塑料保温板保温系统

泡沫塑料保温板外保温系统的基本构造如图 3.2-2 所示。保温板依靠锚栓固定，保温材料一般为膨胀聚苯乙烯泡沫塑料板（EPS 板）、挤塑聚苯乙烯泡沫塑料板（XPS 板）或硬质聚氨酯泡沫塑料板（PU 板）；抹面材料为铺满增强网的抹面胶浆；饰面层材料可为涂料、饰面砂浆或面砖等。

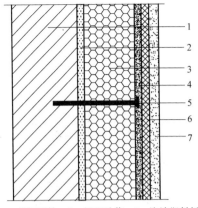

1—基层墙体；2—界面砂浆；3—泡沫塑料板
4—柔性防水抗裂砂浆；5—锚栓
6—热镀锌电焊网；7—饰面

图 3.2-2　泡沫塑料板保温
系统的基本构造

EPS 板的应用技术成熟可靠，且价格适中，保温效果好，适合大面积应用于建筑外墙外保温中；XPS 板的强度大，吸水性小，适用于承受较大外界压力的部分；PU 板的保温性、稳定性以及阻燃性都优于上述的聚苯乙烯泡沫塑料板，可以满足保温隔热要求。

聚苯乙烯泡沫塑料板外保温系统的性能指标见表 3.2-1。

聚苯乙烯泡沫塑料板外保温系统的性能指标　表 3.2-1

项目			性能指标	
			非饰面砖系统	饰面砖系统
系统热阻/(m² · K/W)			复合墙体热阻符合设计要求	
耐候性	外观质量		无宽度大于 0.1mm 的裂缝，无粉化、空鼓、脱落现象	
	系统拉伸粘结强度/MPa	EPS 板	切割至聚苯板表面≥0.1	
		XPS 板	切割至聚苯板表面≥0.2	
	面砖拉伸粘结强度/MPa		—	切割至抹面砂浆表面≥0.4
抗冲击强度/J	普通型		≥3.0 且无宽度大于 0.1mm 的裂缝	—
	加强型		≥10.0 且无宽度大于 0.1mm 的裂缝	—
不透水性			试样防护层内层无水渗透	
水蒸气湿流密度/[g/(m² · h)]			≥0.85	
24h 吸水量/(g/m²)			≤1000	
耐冻融/(10 次)			裂纹宽度≤0.1mm，无空鼓、剥落现象	面砖拉伸粘结强度≥0.4MPa

注：聚苯乙烯泡沫塑料板的宽度不宜超过 1200mm，高度不宜超过 600mm。

2) 胶粉聚苯颗粒浆料保温系统

聚苯颗粒保温砂浆是以聚苯乙烯泡沫颗粒为轻骨料，无机胶凝材料为胶黏剂，通过界面改性和聚合物、纤维增韧等综合措施配置的节能材料。该材料为闭孔憎水结构，密度小，保温隔热性强，且耐化学腐蚀，耐候性较为优异。胶粉聚苯颗粒浆料外保温系统由界面层、保温层、抹面层和饰面层（涂料或面砖）构成，基本构造如图 3.2-3 所示。当饰面采用涂料时，抹面层中应铺满玻纤网；当饰面采用面砖时，抹面层中应铺满热镀锌电焊网，并用锚栓将抹面层和基层固定牢靠。

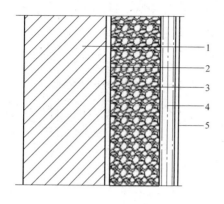

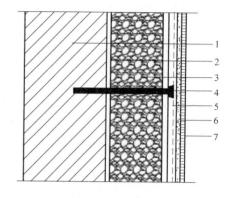

(a) 涂料饰面保温浆料系统

1—基层墙体；2—界面砂浆；3—保温浆料；4—抹面胶浆复合玻纤网；5—涂料饰面层

(b) 面砖饰面保温浆料系统

1—基层墙体；2—界面砂浆；3—保温浆料；4—锚栓；5—抹面浆料复合热镀锌电焊网；6—面砖粘结砂浆；7—面砖饰面

图 3.2-3　胶粉聚苯颗粒浆料外保温系统的基本构造

胶粉聚苯颗粒外保温系统的技术要求见表 3.2-2。需要注意的是，随着密度的增大，聚苯颗粒保温砂浆的导热率也会增加。因此，在满足其他性能指标的前提下，应尽量降低该保温砂浆的密度。

胶粉聚苯颗粒外保温系统的性能指标　　　　表 3.2-2

项目			性能指标
耐候性			经 80 次高温(70℃)-淋水循环和 20 次加热(50℃)-冷冻(-20℃)循环后不得出现开裂、空鼓或脱落。抗裂砂浆层与保温层的拉伸黏结强度不小于 0.1MPa，破坏界面不得位于各层界面
吸水量/[g/(m² · h)]			≤1000
抗冲击强度	涂料饰面	普通型(单网)	3J 冲击合格
		加强型(双网)	10J 冲击合格
	面砖饰面		3J 冲击合格
抗风压值			不小于设计值
耐冻融			30 次循环表面无裂纹、空鼓、起泡、剥离现象
水蒸气湿流密度/[g/(m² · h)]			≥0.85
透水性			抗裂砂浆内侧无水渗透
耐磨损,500L 砂			无开裂、龟裂或表面剥落、损伤
涂料饰面抗拉强度/MPa			≥0.1 并且破坏部位不得位于各层界面
饰面砖拉拔强度/MPa			≥0.4
抗震性能			设防烈度地震作用下面砖饰面及外保温系统无脱落

3) 硬泡聚氨酯保温系统

硬泡聚氨酯保温系统的基本构造如图 3.2-4 所示。该系统的做法如下：首先将发泡聚氨酯保温隔热材料喷涂于基层墙体上，或采用浇筑法，将发泡聚氨酯浇筑于基层墙面；然后对该保温隔热面层进行找平；最后再铺设聚合物水泥砂浆玻纤网格布。

该系统施工简便，耐候性强，在保温隔热、防火、抗震、抗裂、抗风压以及透气方面都有优异的性能，是一种适应高节能标准需要的新型外墙保温技术。

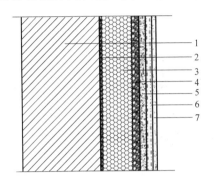

(a) 涂料饰面保温系统

1—基层墙体；2—聚氨酯防潮底漆；3—聚氨酯硬泡体保温层；4—胶粉聚苯颗粒保温浆料找平；5—抗裂砂浆复合耐碱玻纤网格；6—柔性耐水腻子；7—饰面层涂层

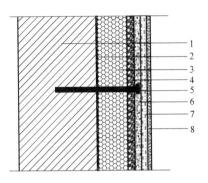

(b) 面砖饰面保温系统

1—基层墙体；2—聚氨酯防潮底漆；3—聚氨酯硬泡体保温层；4—胶粉聚苯颗粒保温浆料找平；5—塑料膨胀锚栓；6—抗裂砂浆复合热镀锌电焊钢丝网；7—面砖粘结砂浆；8—面砖

图 3.2-4 硬泡聚氨酯外保温系统的基本构造

硬泡聚氨酯保温系统的性能要求见表 3.2-3。

硬泡聚氨酯保温系统的性能指标 表 3.2-3

检验项目	性能要求
导热系数/[W/(m·K)]	≤0.024
表观密度/(kg/m³)	≥35
垂直于板面方向的抗拉强度/MPa	≥0.10
尺寸稳定性/%	≤1.0
吸水率/%	≤3
燃烧性能等级	不低于 B2 级

4) 装配式保温装饰一体化外墙外保温系统

装配式保温装饰一体化外墙外保温系统中的保温幕墙板由工厂预制生产，然后进行现场装配化安装。保温装饰一体化外墙外保温系统由保温装饰一体板、粘结砂浆、锚固件、嵌缝材料和密封胶等材料构成，采用粘结砂浆黏结为主、锚固件连接为辅施工工艺，将保温装饰一体板安装在建筑外墙外表面，其基本构造如图 3.2-5 所示。

与传统薄抹灰外墙外保温系统相比，保温装饰一体板外墙外保温系统在施工速度、使用寿命、防火隔离效果、装饰效果、质量稳定性及保护环境方面具有优势。通过一次施工就能实现建筑装饰及保温，工序减少了3～6道，操作简便，可提高施工速度，节省资源和施工成本。

施工按下列工序进行：基层检查与验收→测量放线→绘制排版图及备料→配置粘结砂浆、确定锚固件位置→粘贴保温装饰一体板→安装锚固件→填塞嵌缝材料、施工密封胶→清洁板面。

采用保温装饰一体化外墙外保温系统应注意以下问题：首先，为避免发生掉板，锚固件要严格按规范和方案设置，粘结砂浆黏结百分比要满足规范要求。其次，保温装饰一体板是保温、装饰复合板，拼缝密封后虽能起到防水作用，但不能替代外墙防水层，外墙防水构造应单独设计。再者，保温装饰一体板保温芯材也应采取防水措施，现场切割的一体板面板和底板切割面应做防水处理。

5）岩棉板保温系统

岩棉有较高的耐火等级，因此岩棉板保温系统具备优异的防火性能。该系统采用钢丝网和锚固件将岩棉板固定在基层墙体上，并采用配套的聚苯颗粒浆料提高岩棉板面层的强度，修补施工时在岩棉板上形成的孔洞以及墙体边角的缺陷处，并为岩棉板表面整体找平，提高保温效果。该系统的基本构造如图3.2-6所示。

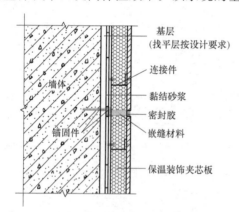

图 3.2-5 保温装饰一体板外墙外保温系统构造

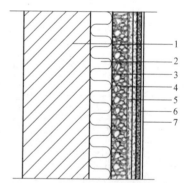

图 3.2-6 岩棉板外保温系统的基本构造
1—基层墙体；2—岩棉板；3—四角钢丝网；
4—胶粉聚苯颗粒保温浆料找平；5—抗裂砂浆；
6—弹性底涂柔性腻子；7—饰面层

对于岩棉板外墙外保温系统性能指标的规定应参考各地的岩棉板外墙外保温系统应用技术规程。

3.2.2 内保温

内保温技术是将保温材料设置在建筑外墙的内侧，以提升建筑的保温效果。内保温体系将保温材料固定在墙体的室内侧，再添加一层室内装饰饰面，如图3.2-7所示。

外墙内保温技术有以下优势：

（1）对建筑外墙垂直度的要求不高，且对外墙装修的影响不大。

（2）由于内保温位于不同楼层的室内侧，安装和施工是分层进行的，因此改造时不需要采取另外搭设脚手架等防护措施。

（3）内保温结构层的密度小，因此温度变化速度较其他保温体系快，储热能力低，可快速调整内部温度，适用于夏热冬冷地区下的间歇性供暖。

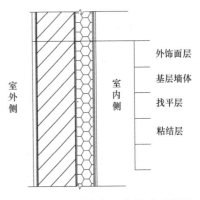

图 3.2-7　外墙内保温的构造示意图

（4）室内相对密闭的环境使保温材料不与外界环境接触，因此对保温材料的强度和防水性能要求不高，不需要承受累计应力和风压作用，也不需要再设置防水层等额外防护，体系构造简单。

（5）由于内保温技术对其他住户的影响较小，因此方便应用在个别住户改造中。

与外墙外保温相比，外墙内保温技术较少应用在严寒及寒冷地区。这种保温做法虽然施工简便，但采用时也存在许多问题。首先由于保温层做在墙体内部，将减少商品房使用面积；其次会影响居民的二次装修，内墙固定物件时易破坏内保温结构，室内墙壁不可悬挂重物；再者内保温结构会导致内外墙出现两个温度场，外墙面的热胀冷缩现象大于内墙面，保温层易出现裂缝。

3.2.3　垂直绿化

从 20 世纪 80 年代开始，西方学者针对城市污染严重的问题开始把眼光放到垂直绿化上来，并在既有居住建筑改造上设计了很多相关的技术。新的垂直绿化技术的出现，使得垂直绿化操作更简单，并有良好的绿化和装饰效果，垂直绿化普遍应用到城市绿化当中，成为一种喜闻乐见的绿化形式。垂直绿化墙体将植被绿化和建筑节能相结合，利用植物覆盖在建筑的垂直墙面或各种围护结构上，从而形成隔热、遮阳的植被墙。植物和墙体结合的绝缘空气腔减少了热传递发生和墙体表面太阳辐射的吸收，植物通过蒸腾作用和蒸发水的损失进一步减少墙体吸收的热量，这样植被墙体不仅降低了环境温度，影响室内空间热环境的变化，还改善了城市热岛效应。

选用外墙垂直绿化改造措施能够有效降低夏季太阳辐射对外墙的作用，从而降低室内环境温度，但在寒冷的冬季对外墙吸收太阳辐射热会起一定程度的负面影响，因此建议在既有居住建筑的东西墙进行改造，以降低炎热的夏季东西晒引起的空调能耗。

1）系统原理

设计垂直绿化系统，一方面作为可循环利用设施：通过预先设置沟槽、微小坡度等排水方式将建（构）筑物外墙、挑台等雨水进行分散收集，经净化处理后，用于绿化灌溉或回补地下水；另一方面可构建城市生态，提升社会效益：通过闲置的墙面铺设多种植物，拓展绿化空间，并利用植物自身的湿润和滞尘能力，有效改善空气质量，调节城市或建（构）筑物的温湿度，缓解热岛效应，降低噪声，减少视觉和光污染，覆盖的植物也能保护建（构）筑物外立面（图 3.2-8）。

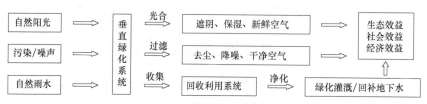

图 3.2-8　垂直绿化系统原理示意图

2）选用方法

垂直绿化系统可分为地面型、挑台型、植物墙型，各自的选用特点见表 3.2-4。

垂直绿化系统的选用特点　　　　　　　　　　　　表 3.2-4

分类特点		地面型	挑台型	植物墙型
优点		施工、管理和维护简单，更换植物方便，建造和维护成本较低	施工、管理和维护简单，更换植物方便，建造和维护成本适中	与墙面不接触，不影响墙面耐久性
		植物生命力旺盛，存活率高，寿命长	植物生命力较旺盛，存活率高，寿命长	植物覆盖墙体规整，造型图案多样，可覆盖建（构）筑物立面
		植物覆盖墙体的透光透气性，有利于室内外空气流通、交换，对遮阴避暑有一定作用	垂直绿化造型简单，修剪方便，景观效果较好，枝叶茂密，有良好的遮阴避暑效果	植物生长周期短，稳定性好，无动物、昆虫栖息，开窗方便，对遮阴避暑有显著效果
缺点		与墙面直接接触，对墙面耐久性有损害，有渗水腐蚀的风险	与墙面直接接触，对墙面耐久性有损害，有渗水腐蚀的风险	施工技术复杂多样，需匹配安装浇灌、排水、自控系统，更换植物简单，管理和维护相对方便，但修剪、更换操作不便，建造和维护成本高
		植物自然攀援高度有限，覆盖建（构）筑物立面时间长	植物自然垂吊高度有限，无法覆盖建筑物立面	植物生命力、存活率一般，寿命较长
		植物生长周期长，稳定性差，需预设多种辅助固定措施	植物生长周期较长，稳定性好，需预设多种辅助固定措施	需定期检查、更换结构支撑构件，使用年限有限
		造型困难，修剪不便，并有动物、昆虫栖息，开窗不便	植物覆盖后透光透气性差，并有动物、昆虫栖息，开窗不便	

注：植物墙型变量众多，施工方法复杂，且安全系数不可控，本表仅作介绍，不能作为设计依据。

3）技术要求

在进行既有居住建筑低能耗外墙改造，选择和设计垂直绿化系统时，需对原结构体系的承载能力重新进行核算，必要时需进行加固处理。垂直绿化有效荷载分类见表 3.2-5。

垂直绿化系统有效荷载设计不能超过景观挑台、墙体承受的荷载限值，增加的垂直绿化有效荷载应作为建（构）筑物的永久荷载，并符合建（构）筑物的抗风、防震、防火等要求。

垂直绿化有效荷载分类　　　　　　　　　　表 3.2-5

类别	种植荷载	构造荷载	设备荷载
固定荷载	1. 植物初载 2. 种植土和植物容器	1. 景观挑台的构造 2. 植物墙支撑系统	1. 植物灌溉系统设施 2. 回收利用系统设施
可变荷载	1. 植物容器饱和重量 2. 植物生长增重	1. 植物覆盖墙体附加荷载 2. 植物墙的附加荷载	1. 流动水源附加荷载 2. 回收利用装置储水附加荷载
	风、雨、雪、冰等附加可变荷载		

选用地面型和挑台型的垂直绿化系统时，植物生长与墙面有直接接触，会增加墙面湿度，为保证墙面的耐久性，防止渗水和植物汁液的长久腐蚀，外墙面层、防水找平层、保温层、门窗洞口处、墙体渗漏等部位有相关施工要求，须严格遵守国家现行标准《建筑工程施工质量验收统一标准》GB 50300、《建筑装饰装修工程质量验收规范》GB 50210 和《建筑节能工程施工质量验收规范》GB 50411 等相关规范要求。

（1）地面型垂直绿化设计

地面型垂直绿化利用植物向上攀爬的本能，让藤本类植物从地面向建（构）筑物外墙面自然蔓延，或安装牵引固定构件，让吸附类、卷须类、缠绕类、钩刺类等植物根茎附着在建（构）筑物墙面上自然生长。

既有居住建筑外墙脚下土地有条件时，可选择地栽式种植，见图 3.2-9。利用建（构）筑物周边闲置地进行绿化栽植，要求栽植前平整场地，翻地深度不得少于400mm，石块、砖头、瓦片、灰渣过多的土壤，应过筛后再补足疏松透气、渗水性好的种植土。地栽种植带宽度为 500～1000mm，土层厚度应不低于 500mm，植物根系距墙面最小距离为 150mm，株距为 500～1000mm。

图 3.2-9　地栽式垂直绿化

既有居住建筑外墙脚下土地无条件时，可选择容器式种植，在建（构）筑物旁放置成品种植箱（槽）进行绿化栽植，成品种植箱（槽）摆放间距不小于 2m，容器底部应预留排水孔和蓄水层。构造原理见图 3.2-10。

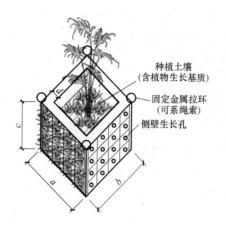

种植土壤（含植物生长基质）

固定金属拉环（可系绳索）

侧壁生长孔

图 3.2-10　成品种植箱和容器种植垂直绿化

地面型垂直绿化与墙面的接触面积很大，为保证植物接触墙面结构不渗水、防止植物汁液的长久腐蚀和触手侵入墙隙，对既有居住建筑外墙面构造有特殊要求，可参照墙体外保温构造层（图 3.2-11）和墙体内保温构造层（图 3.2-12），同时要求对既有外墙进行基本改造后，墙体热工性能满足低能耗改造技术指标要求。

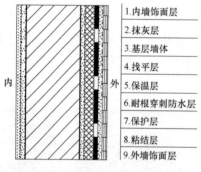

内　　　　外

1.内墙饰面层
2.抹灰层
3.基层墙体
4.找平层
5.保温层
6.耐根穿刺防水层
7.保护层
8.粘结层
9.外墙饰面层

图 3.2-11　垂直绿化墙体外保温构造

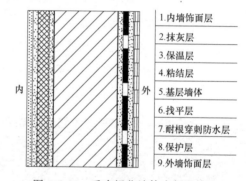

内　　　　外

1.内墙饰面层
2.抹灰层
3.保温层
4.粘结层
5.基层墙体
6.找平层
7.耐根穿刺防水层
8.保护层
9.外墙饰面层

图 3.2-12　垂直绿化墙体内保温构造

另外在植物选择上，应尽量选择当地本土植物，同时还应根据既有居住建筑外墙高度进行合理选择，表 3.2-6 给出了推荐植物。

（2）植物墙型垂直绿化改造设计

植物墙型垂直绿化是利用多种钢结构的组合支撑，与墙面完全隔开，将种植模块、生长基质、养护灌溉设备和植物集合成可拆分拼接的单元构件，垂直绿化造型布局灵活（图 3.2-15）。对既有居住建筑东西墙进行低能耗改造前，应对原建筑结构进行复核、验算；当主体和承重结构安全性不能满足低能耗改造要求时，应采取结构加固措施。对于坐北朝南的既有居住建筑，各朝向基层墙体构造进行低能耗保温改造后，在热工性能满足低能耗改造技术指标要求的基础上，在东西墙附加植物墙型垂直绿化构造，可增强东西遮阳隔热效果，进一步降低夏季空调能耗。

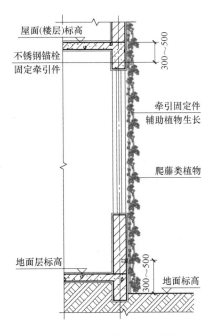

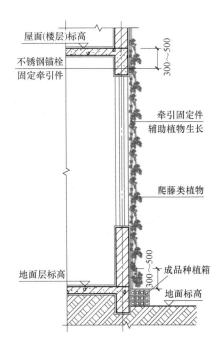

图 3.2-13 地栽式垂直绿化

图 3.2-14 容器式垂直绿化

注：牵引固定件用不锈钢锚栓在墙面上下端固定，固点距楼板、地面、种植箱距离为 300～500mm。横向设置间距约为 500mm，可根据实际情况，适当调整间距，固点应在主体承重结构内。牵引固定件应具有耐腐蚀性。

地面型垂直绿化推荐植物 表 3.2-6

适宜高度	推荐植物
外墙高度≤2m	爬蔓月季、扶芳藤、铁线莲、常春藤、茑萝等
2m<外墙高度≤5m	葡萄、杠柳、葫芦、紫藤、木香等
外墙高度>5m	中国地锦、美国地锦、美国凌霄、山葡萄等

植物墙型垂直绿化构造技术分为板槽式、模块式及其他类别，在进行低能耗改造时，可根据项目实际情况选择，下面主要推荐采用板槽式或模块式。

板槽式：钢支架上用 V 形塑料板或不锈钢板分隔成槽，槽内设有装植物生长基质的容器，该植物墙的钢支架结构可与墙面无连接，完全独立支撑。可用于小面积的规则或异形墙体；施工组装快，维护较方便，造价成本低；结合微灌或滴灌，植物成活率高，寿命长；可选的植物种类广泛，适用栽植灌木、花草、蔓生性强的攀爬或垂吊类植物（图 3.2-16）。

图 3.2-15 植物墙型垂直绿化效果

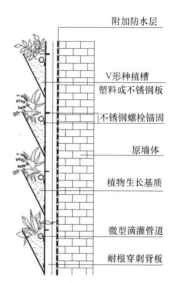

图 3.2-16　板槽式植物墙系统原理示意图

模块式：预先设计墙面造型图案，利用模块化构件（方块形、菱形、圆形等多种形状定制构件）培育养护专用植物后，在不锈钢支架上搭接或用螺栓固定安装，形成各种景观效果。用于大面积的异形曲面墙体；施工组装慢，需要精细维护，造价成本高，植物成活率高，但更换植物不便（图 3.2-17）。

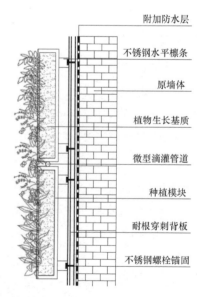

图 3.2-17　模块式植物墙系统原理示意图

建筑物外墙面的植物墙型垂直绿化，大部分通过不锈钢支架来承重。基体钢支架结构必须严格按照现行国家标准《钢结构设计规范》GB 50017 进行单项工程设计。根据建筑物不同的立面造型和地理环境，选用合理的垂直绿化系统和结构形式（钢支架结构样式及其与墙体的连接方式）。既有居住建筑墙体未能预先考虑垂直绿化的有效荷载的，宜选用与墙面无连接，完全独立支撑的钢支架结构形式。

钢支架结构在满足植物基体所需及各种荷载情况下，宜选用可焊性、防腐、防锈性好的钢材。钢支架需满足现行国家标准《钢结构工程施工及验收规范》GB 50755的相关要求。

3.2.4 反射涂料

建筑反射隔热涂料是一种新型功能性建筑涂料，能够将太阳光中的可见光和红外辐射反射回外部空间，降低物体表面太阳辐射能量的吸收。建筑物外表面涂刷建筑反射隔热涂料，具有显著的隔热效果，且施工简单，造价较低。

既有居住建筑涂刷反射隔热涂料，在炎热的夏季能够很好地阻挡、反射来自太阳的辐射热，具有良好的隔热效果，对于夏季降低空调能耗、提高室内环境质量具有显著作用；但在寒冷的冬季，建筑需要更多太阳辐射热进行辅助加热，以提高室内环境温度、抵抗寒冷，外墙涂刷反射隔热涂料则会起到负面作用。鉴于此，进行既有居住建筑外墙低能耗改造时，建议仅对既有居住建筑的东西向外墙实施反射隔热涂料的改造。

1）基本技术要求

建筑反射隔热涂料基本性能要求应符合现行国家标准《建筑用反射隔热涂料》GB/T 25261的规定，反射隔热平涂面漆的功能性要求见表3.2-7。

反射隔热平涂面漆的功能性要求　　　　　　　　　　表3.2-7

项目		指标			
		明度值 L' 范围			
		$L' \leqslant 40$	$40 < L' \leqslant 80$	$80 < L' \leqslant 95$	$L' > 95$
太阳光反射比	$\geqslant$	0.25	$L'/100-0.15$		0.85
近红外反射比	$\geqslant$	0.40	$L'/100$	0.80	
半球发射率	$\geqslant$	0.85			
污染后太阳光反射比变化率[a]/%	$\leqslant$	—	15	20	
与参比黑板的隔热温差/℃	$\geqslant$	11.2	$L' \times 0.28$		

[a] 该项仅限于三刺激值中的 $Y_{D65} \geqslant 31.26$（$L' \geqslant 62.7$）的产品。

2）基本构造（图3.2-18）

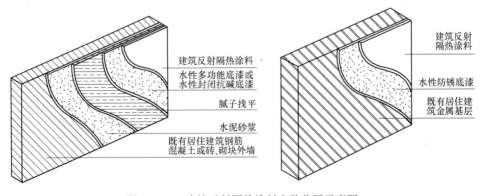

图3.2-18　建筑反射隔热涂料安装分层示意图

3.3 地面

底层地面的保温、防热及防潮措施应根据地区的气候条件，结合建筑节能设计标准的规定，采用不同的节能技术。

严寒和寒冷地区供暖建筑的地面应以保温为主，在持力层以上土壤层的热阻已符合地面热阻规定值的条件下，最好在地面面层下铺设适当厚度的板状保温材料，进一步提高地面的保温和防潮性能。夏热冬冷地区应兼顾冬季供暖时的保温和夏季制冷时的防热、防潮，也宜在地面面层下铺设适当厚度的板状保温材料以提高地面的保温及防热、防潮性能。夏热冬暖地区应以防潮为主，宜在地面面层下铺设适当厚度保温层或设置架空通风道以提高地面的防热、防潮性能。

对于严寒和寒冷地区的供暖建筑，如果接触室外空气的地板以及毗邻非供暖地下室的地板不加保温，不仅会增加供暖能耗，也会由于地面温度过低而影响居民的健康。同时，对于严寒地区的建筑，如果直接接触土壤的周边地面不加保温，则靠近墙角处的地面可能会因温度过低而结露（霜），将严重影响居民生活。

严寒和寒冷地区地面保温的基本原则是：对于直接接触土壤的周边地面（即从外墙内侧算起 2.0m 范围内的地面），应采取保温措施，保温材料的热阻需满足团体标准《既有居住建筑低能耗改造技术规程》T/CECS 803—2021 对不同气候区的限值要求。对于接触室外空气的地板以及非供暖地下室上部的地板，应采取保温措施，使地板传热系数小于或等于团体标准《既有居住建筑低能耗改造技术规程》T/CECS 803—2021 对不同气候区的规定值。对于直接接触土壤的非周边地面，一般不需作保温处理。

为控制地面传热量，团体标准《既有居住建筑低能耗改造技术规程》T/CECS 803—2021 对接触室外空气的地板以及直接接触土壤的周边地面，按照气候分区以及所处楼层，规定了热工性能参数限值。地面保温材料应选用吸水率小、抗压强度高、不易变形的材料。

3.3.1 架空或外挑楼板

与室外空气直接接触的架空或外挑楼板的保温层做法主要有两种，一种在楼板下，一种在楼板上。若在楼板上做保温，保温材料需要承受荷载，因此需要使用如挤塑聚苯板、泡沫玻璃板、无机保温砂浆等承载力较高的材料。此做法施工简单且对外立面线脚影响较小，但可能会影响室外净高。若在楼板下做保温，可以选择多种保温材料，如挤塑聚苯板、聚氨酯泡沫塑料、泡沫玻璃保温板、膨胀聚苯板、胶粉聚苯颗粒保温浆料、水泥聚苯板、矿棉板及岩棉板等。这种做法不影响楼层净高，但可能存在后期吊顶、吊灯等安装固定时承载力不足，保温材料易破碎等问题。

底面接触室外空气的架空或外挑楼板宜采用反置法的外保温系统。铺设木格栅的空铺木地板，宜在木格栅间嵌填板状保温材料，使楼板层的保温和隔声性能更好。

3.3.2 地面保温

地面保温的常见做法有以下三种：第一种是在地面下铺设碎石、灰土保温层。这种方法施工方便、造价低廉，但是对保温效果难以有效控制。第二种是结合装修进行处理，如使用浮石混凝土面层、珍珠岩砂浆面层或使用各类木地板铺装等。这种方法可以通过使用不同的保温材料以及不同的保温厚度对节能效果进行控制，但是受室内装修材料选择的影响。第三种是根据不同地面面层的构造在面层以下设置保温层。由于地面需要承受一定的荷载，因此需要选用抗压强度较高的保温材料，例如挤塑聚苯板、硬泡聚氨酯等。

基本工艺流程如下：找标高、弹面层水平线→楼地面基层、墙角处墙面处理→界面砂浆处理基层→洒水湿润→打点贴灰饼→浇筑保温砂浆→养护→洒水湿润→水泥砂浆面层。

3.4 外门窗

门窗是围护结构中热工性能最薄弱的部位，其性能及功能（通风、采光等）对建筑能耗以及室内热环境的影响很大。外门窗能耗约占围护结构体系总能耗的40%～50%，并且当门窗性能不佳时，室内容易出现夏季炎热、冬季寒冷的情况。外门窗的保温改造侧重于两方面：一是降低门窗自身的传热系数，二是提高门窗的密闭性。外窗保温改造则有以下措施：采用节能型玻璃（中空玻璃、真空玻璃）、采用节能型窗框（断热铝合金窗框、PVC塑料窗框、复合窗框）、提升外窗的气密性以及构造双层窗等。

3.4.1 外门

外门的保温性能主要从门自身的传热系数和门整体的气密性两方面进行评估，此外，若居住建筑的入户门经常有人员出入，则由此带来的冷风侵入耗热量也不容忽略。因此，外门保温改造策略的制定应基于外门原有的传热系数。若外门本身的传热系数很大，可以首先考虑改善门的热工性能；若外门本身的传热系数符合节能标准，则可以考虑增加门的密闭性。同时，可以根据外门的使用情况，考虑安装闭门器以降低建筑的冷风侵入耗热量。

在对既有建筑入户门进行节能改造前，需要对其保温性能和密闭性能进行检测。在入户门关闭的前提下，分别测试门扇和门框、门框和墙体之间的缝隙宽度；同时，检测计算入户门的传热系数。

根据传热系数的测试结果，参考各地区居住建筑节能设计标准，采用不同的措施对入户门进行改造：

① 对传热系数符合要求的入户门，可在门扇、门框与墙体之间的缝隙处填补耐久性好、阻尼较大的密封介质。

② 对于传热系数不符合要求的入户门，可在门芯板内加贴高效保温材料，如聚苯板、岩棉板、玻璃棉、矿棉板等，并使用强度较高且能够阻止空气渗透的棉板加以保护。

此外，对位于严寒及寒冷地区且人员出入频繁的既有居住建筑，应安装闭门器以减少因冷热空气对流而产生的热量损失。

3.4.2 外窗

外窗由于传热系数大、空气渗透性强，是建筑物围护结构中热交换最活跃、最敏感的部位。提高外窗的保温性能可以有效降低建筑能耗。

外窗的保温改造主要从降低玻璃、窗框的传热系数和增强窗户的气密性两方面着手。改造工程不应随意改变原有窗洞口的尺寸、位置等，因此应详细测量窗户洞口的各项尺寸，对照已有尺寸加工窗户，保证外窗获得良好的改造效果。可以通过窗扇改造、加窗改造、贴膜法、密封法以及整窗改造等措施实现低能耗改造目的。

首先要明确外窗选用的基本原则，在实际工程中必须符合以下要求：

① 不能采用纯金属（钢、铝合金）窗框，若采用，必须是断热型金属窗框。

② 不能采用普通单玻窗，至少要采用双玻中空窗。严寒地区还须配合使用塑钢窗框等导热系数低的型材，或者采用三玻、四玻窗。

③ 优先采用多腔结构的塑钢窗，适当采用断桥铝合金窗，对于要求高的建筑可采用铝塑复合、铝木复合等复合型外窗。当建筑非常注重保温防寒时（特别是严寒地区），可采用 Low-E 中空玻璃窗或真空玻璃窗，也可采用双层窗。

④ 窗-扇、玻璃-扇的间隙必须采用至少两道密封（严寒地区可用三道密封），密封条推荐以三元乙丙橡胶为原料。对于开启缝，采用室外侧密封胶条、中间等压胶条和室内侧密封胶条形成三道密封和两腔结构，用以保证其弹性性能、密封性能和耐候持久性能。窗框与墙体洞口间的缝隙采用岩棉、聚苯或聚氨酯发泡进行填充，两侧用砂浆封严，待砂浆硬化后，用密封胶封住因砂浆收缩而张开的缝隙，决不允许只用砂浆填充。

⑤ 除特殊要求外，尽量采用平开窗。

改造时应根据既有建筑外窗的实际情况，考虑住户对安全、节能、隔声、采光等方面的要求，选用对住户干扰小、对环境影响小、施工便捷且性价比高的技术措施。目前常见的改造方式有窗扇改造、加窗改造、贴膜法、密封法以及整窗改造等。

1）窗扇改造

窗扇改造是在原外窗窗框不动的前提下，只对窗扇或玻璃进行改造的方式，适用于单层玻璃钢窗、铝窗和塑料窗。这种改造方式对住户的影响小、改造成本低、施工速度快。下面针对几类常见的外窗进行论述。

（1）实腹钢窗的改造

目前保留窗框的实腹钢窗有三种改造方法：一是将实腹钢窗改造为窗框包塑，窗扇调换为铝塑复合平开中空玻璃节能扇，关键技术主要有原窗框密封性包塑与铝塑复合平开扇的制作安装等，此类窗称为钢改Ⅰ型节能窗。二是将实腹钢窗改造为原窗框包塑，窗扇用塑钢中空玻璃推拉节能扇替换，关键技术除了外框密封性包塑，还有塑钢节能扇的安装调试，此类窗称为钢改Ⅱ型节能窗。三是将实腹钢窗改造成断桥隔热铝合金推拉节能窗，关键技术是原外框与断桥隔热框扇的媒介连接措施，此类窗称为钢改Ⅲ型节能窗。

（2）铝合金单玻窗的改造

目前铝合金单玻窗的改造方法也有三种：一是扩槽法，将原窗扇的玻璃沟槽拓宽到能纳入所需中空玻璃的厚度，关键技术是需要设计制造一件U型隔热套，置于中空玻璃与铝扇架之间，称为铝改Ⅰ型节能窗。二是将铝合金窗框包塑，窗扇用塑钢中空玻璃窗扇取代，关键技术是需要设计一个媒介部件，称为铝改Ⅱ型节能窗。三是将铝合金推拉窗改造为断桥隔热窗，关键技术也是需要设计一个媒介体，称为铝改Ⅲ型节能窗。铝合金单玻平开窗可改造为断桥隔热铝合金平开窗。

（3）塑钢单玻推拉窗的改造

目前塑钢单玻窗的改造方法主要有两种：一是针对原塑钢材料（特别是窗扇材质未见明显老化或未经机械损坏的且原衬钢符合规范的），可将其单玻换成中空玻璃扇，关键技术是重配压线条，称为塑改Ⅰ型窗。二是将原有窗扇直接调换成塑钢中空玻璃扇，称为塑改Ⅱ型窗。

2）加窗改造

加窗改造即在不改变原有外窗的基础上在窗台上再增加一层窗。对于原有外窗保存较好，窗台空余位置较大，但热工性能达不到节能标准要求的外窗，可以采用加窗改造。这种改造方式避免了窗扇改造中对原有外窗的破坏，利用两层窗户以及中间的空气层改善外窗的热工性能，同时也可以增加外窗的隔声效果，尤其适用于交通干道周围的居住建筑。

加窗改造适用的建筑应满足以下条件：首先，窗台宽度满足加窗条件；其次，窗台荷载承重满足加一层窗的要求，必要时应进行结构验算；最后，加窗改造后不会影响建筑原有外窗的开启，不影响采光和通风。当外窗为飘窗时，在室内侧进行加窗改造会减小室内使用空间。考虑安全性能，新窗不宜安装在悬挑窗台的悬挑位置。

对于加窗改造法而言，由于原有外窗已经具备一定的热阻性能，所以在保温材料的选择上可以综合考虑经济效益，不一定要采用造价很高的高效节能玻璃，也可以选取其他材料替代。当在原有单玻窗基础上再加装一层窗时，两层窗户的间距不应小于100mm。开启方式以平开最佳，不仅有利于节能，也方便和原有窗层搭配，易于开启。

3）贴膜法

对于窗框以及窗户玻璃本身热工性能较好的外窗，可以通过在原有玻璃上贴膜的方法达到提高窗户热阻的目的。建筑玻璃有机薄膜是由聚酯膜经表面金属化处理后，与另一层聚酯薄膜复合，在其表面涂上耐磨层、安装胶、保护膜之后，安装到玻璃表面。建筑聚酯膜以节能为主要目的，分为热反射膜和低辐射膜。

热反射膜（阳光控制膜）具有较高的红外线反射率 IR，较低的太阳能得热系数 $SHGC$，在炎热的夏季能降低室内温度，也能透过一定量的可见光。

低辐射膜（Low-E 膜）能透过一定量的短波太阳辐射能，使太阳辐射热（近红外线）进入室内，同时又能将90％以上的室内物体热源辐射的长波红外线（远红外线）反射回室内。利用低辐射膜的上述性能，可以在寒冷的冬季充分利用室外太阳短波辐射和室内热源的长波辐射能量，起到保温节能的良好效果。

4）密封法

为了提高外窗的气密性，接合缝隙处会采用耐久性强、弹性好的密封条或密封胶进行密封。窗框与洞口、窗与扇、玻璃与扇之间存在缝隙，如果不能很好地密封，当室内外存在较大温差时，这些缝隙会带来较大的冷风渗透能耗。在严寒和寒冷地区，缝隙处还有可能出现冷凝水或者结霜。

对不同部位的缝隙，选用不同的密封材料：对于窗墙之间的缝隙，一般采用高效保温气密材料（矿棉、玻璃棉、发泡聚氨酯等）进行充填，最后用砂浆封严，密封胶封面，保证窗户与墙体的结合部位在不同气温条件下均能严密无缝。对于玻璃与窗框之间的缝隙，玻璃两边均需要使用密封条镶嵌，用于铝合金外窗的一般是以氯丁、顺丁和天然橡胶硫化制成的橡胶密封条，用于塑料外窗的一般是以丁腈橡胶和聚氯乙烯挤压成型的密封条；对于开启窗和窗框之间的缝隙，不同开启方式的窗户选择的密封材料不同，目前多采用密封效果较好的橡胶与 PVC 树脂共混技术生产的密封条。

此外，合理选择窗型、减少不必要的缝隙，提高型材规格尺寸和组装制作的精度、保证窗与扇之间的搭接量，增加密封道数并选用优质的密封橡胶条等方法也能有效提高窗的气密性。"密封法"对于节能改造来说，是一种经济实用、操作简便的方法，有效的密封可以节约供暖季燃料费用的15％以上。

5）整窗改造

整窗改造是将旧窗拆除，更换为热工性能更好的节能窗，是最直接的外窗改造方式，适用于窗框破损严重、无法继续使用的情形。该方式对室内环境和装修有影响，施工难度相对大，改造成本较高，且会影响住户正常生活。

对于整窗改造，应该选择热阻性能高的窗框型材和窗户玻璃；也可以采用新的安装方式，避免热桥、提高气密性。下面分别介绍几种常见的节能型窗框、节能型玻璃，以及一种新型的外窗安装法——"外嵌式"安装法。

(1) 节能型窗框

目前主要应用的节能型窗框有 PVC 塑料窗框、断热铝合金窗框以及复合窗框。

① 断热铝合金窗框

断热铝合金窗框分成三部分：外部铝合金框、内部铝合金框以及连接内外铝框的中间芯子部分，其中中间芯子部分称为"断热桥"，应选用性能极好的隔热材料。断热铝合金窗框克服了铝合金高导热率的缺点，也保持了材料的易挤压成型、易加工、抗腐蚀、美观耐用等性能。目前常用的断热方式有嵌条滚压式、浇注式和灌注式。

② PVC 塑料窗框

PVC 窗框的导热率低、保温效果好（导热系数约为钢材的 1/357、铝材的 1/1250）。常见的构造有单腔、双腔、多腔之分，腔体结构越多，保温性能越好。单腔、双腔、三腔和四腔窗框的传热系数分别为 $2.6W/(m^2 \cdot K)$、$2.1W/(m^2 \cdot K)$、$1.9W/(m^2 \cdot K)$ 和 $1.6W/(m^2 \cdot K)$，为了增强窗的保温性能，一般选用多腔结构（三腔、四腔）。需要注意的是，PVC 材料的强度较小，需要在型材的空腔内添加钢衬（加强筋），做成塑钢窗框使用。

③ 复合窗框

复合窗框具有保温能力好、强度高、耐压能力强、装饰性好等优点，其主要类型有铝木复合窗、木铝复合窗、铝塑复合窗等。

铝木复合窗主体结构铝多木少，从外观看具有实木门窗的优点。经过设计细化的铝合金型材通过特殊的结构和工艺结合实木装饰层，大大加强了门窗的抗风、抗雨淋等性能。木铝复合窗具备"外铝坚实耐候，内木自然华美"的特点。常见的木铝复合窗以高精级隔热铝合金构成主体，内嵌橡木或柞木，内木外铝，具有优异的保温性能，窗框的传热系数可达到 $1.9W/(m^2 \cdot K)$。铝塑复合窗将铝合金和塑料异型材相复合，外部铝合金，内部塑料异型材，利用了塑料型材导热率低的特点，又保留了铝合金易挤压成型、抗腐蚀、经久耐用的优点，不仅保温性能好，同时水密性、气密性、隔声性佳。

(2) 节能型玻璃

① 中空玻璃

中空玻璃是指两片或多片玻璃以有效支撑物均匀隔开并在周边黏结密封，使玻璃层间形成有干燥气体空间的制品。由于气体的导热系数低，因此中空玻璃利用气体间隔层可增大热阻，提升保温性能。在严寒和寒冷地区，由于室外温度较低，为了有效控制玻璃的传热量，通常采用双玻或三玻中空玻璃。

气体间隔层的存在是中空玻璃导热率较低的主要原因。中空玻璃内部的填充气体可以是空气，也可以是氩气、氪气等传热系数很小的惰性气体。由于空气较惰性气体而言含量更丰富，且提取容易，使用成本低，因此应用更为广泛。常用的中空玻璃间隔层厚度有 6mm、9mm、12mm，通常不超过 15mm，因为当间隔层达到一定厚度时，玻璃之间的气体会在温差作用下产生对流，传热量反而会增大。

② 真空玻璃

真空玻璃是将两片玻璃的四周密封，中间抽真空，真空层厚度为 0.1～0.2mm，两片玻璃间用规则排列的微小支撑物来承受大气压力以保持间隔。

真空玻璃消除了导热和气体对流传热，结合高性能低辐射膜，可将其传热系数降低到 1.0W/(m²·K) 以下。我国生产的标准真空玻璃的传热系数约为 0.86W/(m²·K)，具有很好的隔热保温性能。真空玻璃的另一个突出优点是隔声性能良好，因此对于隔声要求较高的地方可考虑采用真空玻璃。但是，真空玻璃成本较高，且长期保持其真空度的技术难度大，若真空失效，其保温性能也将大大降低。严寒地区的建筑需要充分利用室外的太阳辐射，因此推荐采用高透型的 Low-E 真空玻璃。

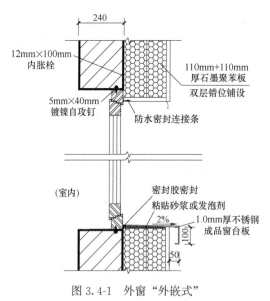

图 3.4-1 外窗"外嵌式"

（3）外嵌式安装法

"外嵌式"安装法可有效实现外窗的无热桥并保证气密性，同时该安装方式也可以避免由于墙体承载能力不足而引发的安全问题。"外嵌式"安装法的施工工艺相对简便，是将窗户安装在结构洞口内的外侧，用保温材料对窗框进行覆盖，如图 3.4-1 所示。"外嵌式"安装法由于安装位置更靠近室外，有利于采光，可有效提高建筑得热。

"外嵌式"安装法的施工流程如下：首先精修洞口，确保洞口的平整度、垂直度以及阴阳角尺寸符合规范要求，洞口内侧基层必须平整、光洁，便于窗户外嵌时窗框与墙体洞口之间无可见缝隙。然后确定窗框侧面固定点位置，将窗框内嵌在洞口处，使窗框外侧与洞口外侧齐平，利用膨胀螺栓将窗框固定在洞口处。窗框安装完毕后，在窗框与墙体交接处室内侧、室外侧分别用密封胶密封，密封胶宽度能保证将窗框与洞口之间缝隙全部覆盖为宜，阻断室内外雨水、气体连接的通道，并在窗框内外侧粘贴防水雨布。最后安装窗台板，通常选用不锈钢或铝制成品窗台板，窗台板要与窗框之间实行结构性连接，并利用结构胶进行窗台板的粘贴固定，窗台板与窗框之间的缝隙也要利用结构密封胶进行密封。

（4）铝合金节能外窗

铝合金外窗类产品有内平开窗、外平开窗、推拉窗、下悬内平开窗等。平开窗和推拉窗有带纱窗一体化的和不带纱窗的。各类窗的系列划分是按窗框厚度构造尺寸区分的，例如窗框的厚度构造尺寸为 70mm，即为 70 系列。

玻璃品种有浮法玻璃、着色玻璃、钢化玻璃、半钢化玻璃、热反射玻璃、低辐射玻璃、中空玻璃等。常用厚度有单层玻璃为 6mm、8mm、12mm；中空玻璃为 5+A+5、6+A+6 等（空气间隔层厚度 A＝9～15）。其密封材料应按功能要求、密封材料特性、型材特点选用。装配要求外窗连接应牢固，玻璃装配应符合现行行业标准《建筑玻璃应用技术规程》JGJ 113 的规定。另外，外窗构件按现行国家标准《建筑物防雷设计规范》GB 50057 规定与主体结构的防雷系统连接。通用节点见图 3.4-2。

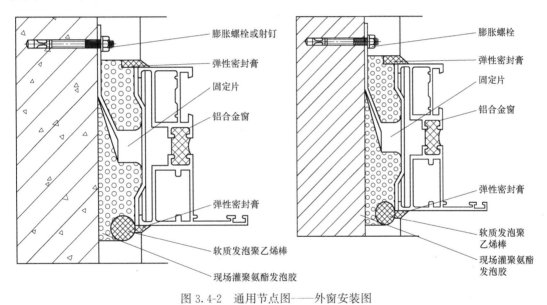

图 3.4-2 通用节点图——外窗安装图

下面主要介绍原单玻窗换中空玻璃安装和原单玻窗整体拆换节能窗两种工艺做法：

① 原单玻窗换中空玻璃安装工艺

步骤：测量尺寸、中空玻璃窗扇加工、原窗扇及固定玻璃拆除、门窗窗框清洁整理、新窗扇及固定部分安装、窗扇开启调整、清洁并打玻璃胶（图 3.4-3）。

② 原单玻窗整体拆换节能窗工艺

步骤：原窗拆除及洞口处理、放线定位及尺寸测量、保温及洞口处理、窗与墙固定、发泡胶塞缝、安装固定玻璃、打玻璃胶以及内外墙胶、安装开启扇、五金件调试和纱窗安装清洁（图 3.4-4）。

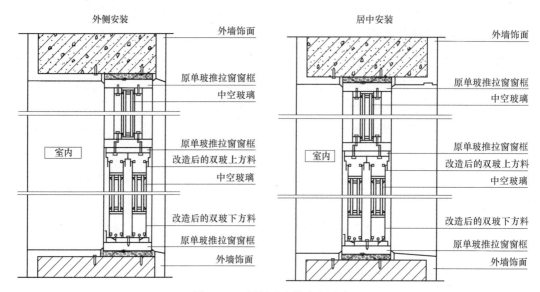

图 3.4-3　原单玻窗换中空玻璃

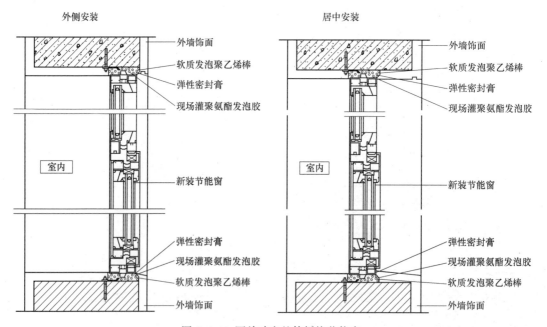

图 3.4-4　原单玻窗整体拆换节能窗

注：在不安装附框的窗安装时，要求窗与墙体软连接固定安装。若设置纱窗，则采用卷帘式纱窗。

（5）塑料节能外窗

塑料窗指以未增塑聚氯乙烯树脂（PVC-U）为主要原料，按比例加入光稳定剂、热稳定剂、改性剂、填充剂，通过机械混合塑化、挤出、成型为各种不同断面结构的型材，以作为窗杆件；通过对型材切割，穿入增强型钢，焊接，装上五金件、密封胶条、毛条及玻璃等成为成品外窗。

塑料外窗产品有内平开窗、外平开窗、推拉窗、上悬窗等。为增加窗的刚性，在窗框、窗扇、窗梃型材的受力杆件中，根据抗风压强度的设计计算和其他使用要求，确定窗型材内增强型钢的形状、壁厚和增强方式，务必使窗的性能达到强度及其他要求。窗的五金件的质量、自身强度及其与窗构件的连接强度应与窗的功能要求相匹配。铰链与型材应采用增强型钢或内衬局部加强板相连接，也可采取型材局部加强或固定螺栓穿透两道以上型材内筋等可靠的连接措施。通过 PVC 树脂与着色聚甲基丙烯酸甲酯的共挤出，在白色型材上覆膜或者喷涂、负压真空彩色涂装、加彩色铝扣板等，可以获得多种质感和表面色彩的装饰效果。也有在 PVC-U 树脂粉中加入色料混合挤出的本体染色技术。在选用时应慎重，要查验该种型材经人工加速老化试验后的颜色变化是否满足要求，否则不应作外窗。外窗构造尺寸由外窗生产厂家按工程设计图纸和工程实际需要进行调整。通用节点见图 3.4-5。

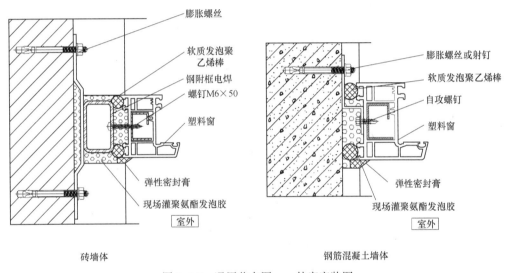

图 3.4-5　通用节点图——外窗安装图

下面主要介绍原单玻窗整体拆换塑料节能窗和包覆原木窗后新增加塑料节能窗两种工艺做法：

① 原单玻窗整体拆换塑料节能窗安装工艺

步骤：原窗拆除及洞口处理、放线定位及尺寸测量、保温及洞口处理、窗与墙体固定、发泡胶塞缝、安装固定玻璃、打玻璃胶以及内外墙胶、安装开启扇、五金件调试和纱窗安装、清洁（图 3.4-6）。

注：窗框与墙体间安装必须牢固，窗与墙体缝隙的内腔要填充弹性密封材料，窗框与墙体间的安装方法符合现行行业标准《塑料门窗工程技术规程》JGJ 103 要求，若设置纱窗，则采用卷帘式纱窗。

② 包覆原木窗后新增加塑料节能窗安装工艺

步骤：原木窗窗扇拆除、保温工程施工及窗洞口处理、尺寸测量、节能门窗制

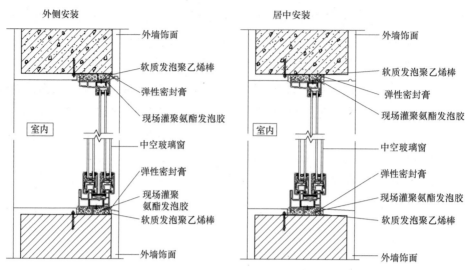

图 3.4-6　原单玻窗整体拆换塑料节能窗

作、新窗就位并临时固定、窗与墙体固定、发泡胶塞缝、安装固定玻璃、打玻璃胶以及内外墙胶、安装开启扇、五金件调试和纱窗安装、清洁（图 3.4-7）。

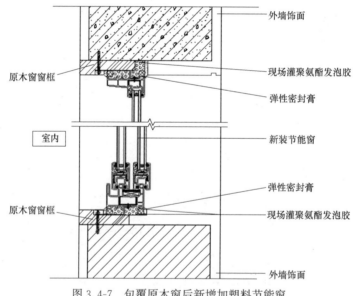

图 3.4-7　包覆原木窗后新增加塑料节能窗

　　既有居住建筑外门窗节能改造方式以整窗更换为主。对建筑外窗进行更换改造时，建议采用内平开窗。当采用外平开窗时，应有牢固窗扇、防脱落的措施。同时，外窗指标的要求采用传热系数小、气密性能好的高效节能窗和采取适当的遮阳措施，以改善建筑围护结构的保温隔热性能，取得良好的节能效果，还应保证外窗的可开启面积不应小于窗面积的 30%。

3.4.3　自然通风

　　在建筑外立面添加构件以达到遮阳、隔噪声、促通风的目的，这种改造方式在夏热冬暖地区广泛应用。典型的建筑立面构件包括阳台、导风板、遮阳板、导光板等，如图 3.4-8 所示。与平滑外立面建筑不同，立面构件的凸起结构会改变风压作用下建筑周围的压力分布，形成局部涡流，增强外窗局部湍动能，起到引流和加强流动的作用，从而提升建筑的自然通风效率。另一方面，随着建筑密度增加，环境风速降低，热岛效应增加，热压作用成为不可忽视的边界条件。在太阳辐射作用下，外立面构件与邻近外墙和室内环境之间的温差会显著影响热压驱动下的自然通风。因此，建筑的外窗构件会对建筑室内及近壁面气流组织产生显著影响。

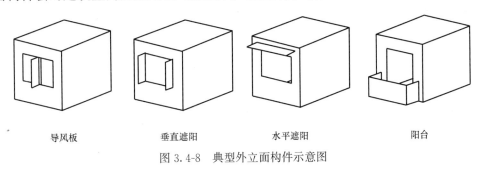

| 导风板 | 垂直遮阳 | 水平遮阳 | 阳台 |

图 3.4-8 典型外立面构件示意图

1）阳台

阳台是住宅建筑中常见的外窗构件。阳台对建筑有多方面的性能影响，如太阳控制、采光、传热、防潮、隔声、自然通风、能源使用等，尤其是能源和环境性能，使得阳台成为实现可持续建筑的一个关注要点。大量低速风洞中阳台对多层住宅通风潜力影响的实验研究，发现阳台在增加室内空气流动和改善内部热环境方面起着重要作用。单侧通风条件下，阳台会增加多层建筑的大多数房间的通风率，但对于多面开窗的对流通风并无显著效果。

2）翼墙等构件

根据对建筑自然通风效果的影响，可以将翼墙等外窗构件大致分为垂直与水平的外窗构件，这些构件对建筑物的自然通风具有显著影响。单侧通风与垂直构件结合可以大大改善室内空气流通；不同风速和风向情况下，翼墙可以通过增加每小时的空气变化（ACH）和平均室内空气速度来促进自然通风，翼墙的最佳性能是在来流风向与建筑外窗成斜角约 45°时。在控制由自然通风载体污染物户间传播、改善建筑的室内空气质量方面，水平构件通常比垂直构件效果好。水平构件与阳台的性能相似。垂直构件在迎风面和背风面均可以改善建筑物的自然通风性能。

3）扰流建筑的影响

对于住宅来说，近距离的扰流建筑通常会影响建筑的自然通风性能与外窗构件的效果。建筑室内外气流组织与室内自然通风的效率，主要受到来流风向和上游扰流建筑高宽比的影响。当来流风向与建筑外窗成倾斜角度时，建筑通常具有更好的室内自然通风效果。这是由于来流风在建筑角部产生的流动分离形成了加速流，在建筑表面形成了气压差，成为建筑室内外空气交换的驱动力。

在扰流建筑影响下，外窗构件对于室内自然通风的作用受环境因素影响大，包括近壁面的大气来流风向，建筑的方位和朝向，以及上游扰流建筑与距离的高宽比。这些因素的综合作用改变了目标建筑的周围流场特性，使得立面构件可能成为导风构件，提高室内自然通风效率，也有可能阻碍室内外空气交换。虽然上游建筑物会对目标建筑施加风影作用，但是上游扰流建筑在下游目标建筑的迎风侧和背风侧会产生复杂的流动状态，从而增强建筑室内和周围流场区域的通风效率。

3.4.4　天然采光

在居住建筑改造过程中，应综合考虑外窗作为采光口的优化设计，允许天然光以适当方式进入室内，避免产生直射眩光，并尽可能减少不必要的太阳辐射热效应，特别是南方低纬度地区和夏季。外窗天然采光设计主要从以下方面进行考虑：

① 朝向差异分析。分析建筑不同朝向立面所接受的太阳辐射，从节能和采光等方面考虑窗墙面积比。一般而言，建筑的东西向立面接收太阳辐射量较大，应限制开窗面积。

② 根据直射阳光入射方向进行立面的角度优化。建筑物不同的立面，窗口角度的设置考虑直射阳光在最极端时刻的入射角度，避免过量直射阳光进入室内。

③ 根据建筑物的高度和方向设置遮阳装置。在立面上不透明的遮阳面板，可减少太阳辐射给建筑立面带来的热量影响。根据邻近建筑物的投射阴影和建筑立面开窗角度设置遮阳板。可以通过软件计算得到建筑立面太阳辐射得热最高的区域，有针对性地设置遮阳面板（如东西向外墙）。

外窗的形状、比例、大小和辅助装置等都是影响天然采光的重要因素，通过技术手段，对采光口的材质、组件和光线进入室内的方式进行调节，优化室内天然光环境。

1）玻璃材质与外窗组件技术

玻璃材质和窗体组件是天然采光的关键部位，特别是玻璃材质。现代科技水平的快速提高和应用技术的日新月异为各种功能独特的玻璃问世创造了可能性，主要包括扩散透光玻璃、光谱选择性玻璃、调光玻璃和棱镜玻璃等。

（1）扩散透光玻璃

常见的扩散透光材料有磨砂玻璃、玻璃砖和彩釉玻璃等，其作用是遮蔽部分天然光、降低热吸收量、避免眩光以及形成私密性。

扩散透光玻璃的优势在于形式简洁，无须借助室外或室内遮阳设施就可以遮蔽或漫射天然光，在建筑采光中广泛应用。以磨砂玻璃为例，其原理是将玻璃微粒烘烤干燥并浇熔到玻璃的表层，从而形成一种半透明的表层，达到整体遮阳的效果。不足之处在于它是静态的，无法进行调节以适应不断变化的天然光状况，来满足景观要求或者形成与场地的联系。扩散透光玻璃还存在眩光的可能性，玻璃表面所捕获到的漫射光线有可能成为眩光的来源，造成室内光污染。

（2）光谱选择性玻璃

太阳辐射光谱包括紫外、可见光和红外部分，其中红外部分是产生热效应的主要波段。一些玻璃材质（如着色玻璃）按照一定的比例削减太阳辐射透过率，在起到遮阳作用的同时也影响天然采光。此外，着色深重的玻璃对于建筑使用者的心理会产生消极的影响。

理想的玻璃材质应当具有光谱选择性，即在红外波段透射率较低，但在可见光波段具有较高的透过率。此外，如果玻璃材质表面具有较低的远红外发射率，玻璃的保温属性将得到极大提升。普通的浮法玻璃对可见光谱和近红外（辐射的波长接近于可见光）的透射能力很强；在远红外区（由接近普通室温的表面发射的长波辐射），玻璃透射率较低，从而形成温室效应，低发射率表面将大大增强温室效应，在寒冷气候条件下提高保温性能。

Low-E 玻璃又称低辐射玻璃，是在玻璃表面镀上多层金属或其他化合物组成的膜系产品。Low-E 玻璃对 $2.5\sim25\mu m$ 波长范围中远红外辐射具有较高反射能力，分无色及有色两大系列。前者用于中高纬度地区，其可见光透射比大于 70%，主要功能是阻挡室内热能量泄向室外，从而维持室内温度，节省供暖费用；后者是在低纬度地区使用，在防止室内热量向外辐射的同时，具有一定的遮阳作用，也称 Sun-E 玻璃。

Low-E 玻璃适用于房屋建设，能够发挥自然采光和隔热节能的双重功效。其镀膜层具有对可见光高透过及对中远红外线高反射的特性，其与普通玻璃及传统的建筑用镀膜玻璃相比，具有优异的隔热效果和良好的透光性，节能环保。

（3）棱镜偏转玻璃

棱镜玻璃是在传统玻璃使用性能基础上加入棱镜的光学作用原理。具体而言是指在双层玻璃的内腔中加入用透明聚丙烯材料制成的薄而平（锯齿形）的薄膜，用于改变光的投射方向或折射天然光，是室内光线调控的有效措施之一。

棱镜玻璃可以分为普通双层玻璃和导光膜板两部分，膜板固定安装在双层玻璃内，可作为侧面采光玻璃放置在建筑立面，也可作为顶部采光材料架设在中庭天窗构造支架上。

棱镜玻璃中最重要的是膜板，它根据棱镜的物理导光原理，以改变光线传播方向为目的。主要分为四种内部剖面形式，可根据不同的导光性能要求，调整棱镜角度将入射光变更传导至需要的室内传播范围内，再通过与顶棚的二次反射配合，使太阳光照射到房间更深处。

作为一种新型建筑自然采光玻璃材料，这种半透明材质的运用可有效减少靠近窗户部分室内空间因直射光过于集中而引起的局部得热过多现象，有效平衡室内照度的均匀性。对于具有较大进深的建筑内部，相比于普通玻璃的直射效果，带有散射作用的棱镜玻璃技术从理论上可让室内获得更多的天然光照。此外，与普通玻璃相比，这种玻璃能过滤掉绝大部分紫外线，同时大大提高房间内自然采光面积，总体减少建筑内部对人工采光的依赖，达到节约能源的目的。但也因为它的特殊物理原理，人的视线透过玻璃看向窗外的景象会产生模糊或变形的效果，形成不同于普通玻璃的光环境，可能造成不良的心理影响，因此现阶段棱镜玻璃主要用于侧面采光的高窗部分和建筑的顶部自然采光照明。

（4）调光玻璃

调光玻璃通过感知光和热的变化来调控透光量，可以进一步分成光致变色、电致变色、温致变色以及压致变色四种类型。例如，电致变色玻璃就是在外加电场的作用下改变玻璃材料的光学属性（反射率、透过率、吸收率等），实现玻璃外观上颜色和透明度的可逆变化。

2）导光技术

建筑空间的复杂化对于天然采光提出更多的要求，大进深空间内部无法获得侧向采光，或者地下空间希望引入天然采光等，都提出了将天然采光间接导入复杂建筑空间的需要。目前常用的导光技术主要有平面反射镜、光导纤维和导光管三类。

（1）平面反射镜一次反射

用反光镜一次将太阳光反射到室内需要采光的地方。香港汇丰银行采用这一技术解决了大进深空间的天然采光问题，对提高侧窗采光的均匀度具有较明显的效果，但光污染较严重。

（2）光导纤维导光

结合太阳跟踪、透镜聚焦等一系列专利技术，在焦点处大幅提升太阳光亮度，通过高通光率的光导纤维将光线引到需要采光的地方。可进行紫外线大幅拦截，有利于人类健康，目前产品商业运用已趋成熟。

图 3.4-9　导光管结构示意图

（3）导光管

导光管系统（图 3.4-9），又称管道式日光照明系统，它是通过采集罩高效采集天然光线导入系统内重新分配，再经过特殊制作的光导管路传输和强化后，由系统底部的漫射装置把天然光均匀高效地照射到任何需要光线的地方，得到由天然光带来的特殊照明效果。因其利用多次反射过滤掉大部分天然光中的红外线和紫外线，导入的可见光为室内提供了采光。太阳能导光管技术广泛应用于各类型建筑中，特别是有地下空间或无窗空间的建筑空间中。

导光管系统主要应用于建筑顶层或者地下室；光线传输超过一定距离时，该技术的采光效果会明显降低；以太阳光为光源的光导管采光稳定性受自然地域气候和时段影响很大，不同纬度、季节、天气下各地区都会存在较大的使用效果差异。

3.5 遮阳

既有居住建筑外窗遮阳改造是改善室内热环境的重要方式，也是降低能耗的一种可行措施。南方地区夏季极其闷热，遮阳改造作为降低夏季室内空气温度、减少空调制冷能耗的措施，有着较大的实际作用。既有居住建筑外窗遮阳节能改造，不仅是完善其设计功能，也是体现地域性、文化性的重要媒介。对于居住建筑来讲，遮阳会减少室内冷负荷，降低空调消耗。但固定外遮阳在冬季会阻挡阳光进入室内，增加热负荷，相关研究表明，遮阳板对于夏季冷负荷的降低程度远大于冬季热负荷的增加程度，特别是在供暖能耗远小于制冷能耗的南方地区。

根据遮阳构件的可控制性，遮阳系统可以分为固定式遮阳和活动式遮阳。

3.5.1 固定式遮阳

固定式遮阳包括水平、垂直和挡板式固定外遮阳，常见的方式有雨阳篷、格栅、遮阳篷、遮阳纱幕等。雨阳篷是最常用的外遮阳构件，相比于混凝土挡板更轻便。格栅是利用一组或多组相互平行的栅条与框架，通过栅条之间的缝隙实现对光线的遮挡和透射，在居住建筑中木格栅使用较多。遮阳篷构造简单，价格便宜，安装和使用方便，能形成大面积的阴影，有效缓解太阳辐射热，但对太阳高度角较小的阳光遮挡效果不明显。遮阳纱幕既能遮挡太阳辐射，又能避免眩光干扰，同时减少紫外线对室内用品的伤害，主要材料是玻璃纤维，耐火耐久、坚固防腐，纱幕的疏密程度决定遮阳效果的优劣。固定遮阳的特点是构造简单，改造成本较低，夏季降低空调能耗的效果较好，但在冬季也会遮挡太阳辐射热进入室内，增加冬季供暖能耗。另外，在既有居住建筑改造中，安全性也较难控制。

3.5.2 活动式遮阳

活动遮阳常见形式有卷帘、百叶、织物等。活动式遮阳的特点是可根据需要遮挡阳光，节能性和调光性均优于固定遮阳，但构造相对复杂，价格较高，并且有使用寿命的问题。另外，对于既有建筑节能改造，窗外活动卷帘、活动百叶、活动遮阳篷存在安全性问题。

1）遮阳软卷帘

窗外遮阳卷帘是一种有效的遮阳措施，适用于各个朝向的窗户。当卷帘完全放下的时候，能够遮挡住几乎所有的太阳辐射，进入外窗的只有卷帘吸收的太阳辐射能量。此时如果采用导热系数小的玻璃，则进入窗户的太阳热量非常少。也可以适当拉开遮阳卷帘与窗户玻璃之间的距离，利用自然通风带走卷帘上的热量。遮阳卷帘的详细介绍可参考现行行业标准《建筑用遮阳软卷帘》JG/T 254 和《建筑用遮阳硬卷帘》JG/T 443。

2）活动百叶遮阳

活动百叶遮阳有升降式百叶帘和百叶护窗等形式。百叶帘既可以升降，也可以调节角度，在遮阳和采光、通风之间达到平衡，因而在办公楼宇及民用住宅上应用广泛。根据材料的不同，可分为铝百叶帘、木百叶帘和塑料百叶帘。百叶护窗的功能类似于外卷帘，在构造上更为简单，一般为推拉的形式或者外开的形式，在国外应用较多。遮阳活动百叶的详细介绍可参考现行行业标准《建筑用遮阳金属百叶帘》JG/T 251。

3）遮阳篷

遮阳篷是最常见的遮阳方式，一般由专业厂家生产成型。遮阳篷一般都可以调节遮挡范围和倾斜角度，以满足各种情况下的使用需要，因此应用范围很广，适用于各个朝向的窗户，现今大量居民自行安装了遮阳篷。遮阳篷的详细介绍可参考现行行业标准《建筑用遮阳天篷帘》JG/T 252 和《建筑用曲臂遮阳篷》JG/T 253。

4）遮阳纱幕

遮阳纱幕紧贴窗户外侧安装，既能遮挡阳光辐射，又能根据材料选择控制可见光的进入量，防止紫外线，并能避免眩光干扰，是一种适合于炎热地区的外遮阳方式。纱幕的材料主要是玻璃纤维，耐火防腐，坚固耐久。经过特殊处理后的纱幕材料呈半透明状，室内可以看到室外，视觉通畅，而室外看不到室内，有着较好的私密性。纱幕的稀疏度是决定穿过纱幕的光线多少的关键因素，如稀疏度为 14%，表示能阻挡 86% 的太阳热辐射。遮阳纱幕可兼作防虫纱窗，同时极易清洗。住宅建筑中如果能统一安装遮阳纱幕，不但能取得良好的遮阳效果，还能形成独特的建筑艺术风格。

5）窗口中置式遮阳

中置式遮阳的遮阳设施通常位于双层玻璃的中间，和窗框及玻璃组合成整扇窗户，有着较强的整体性。中置式遮阳一般由工厂一体生产成型，可以节省大量现场安装费用；同时由于是大规模工业生产的产品，质量容易得到保证，生产成本也会随着产量的增大而逐渐降低。

6）窗口内遮阳

内遮阳的形式有百叶窗帘、百叶窗、拉帘、卷帘等。材料则多种多样，有布料、塑料、金属、竹、木等。

内遮阳的隔热效果相对不如外遮阳。采用内遮阳的时候，太阳辐射到达遮阳体以前，已经穿过玻璃进入室内，不可避免地会引起室内的温度升高。但是内遮阳使用方便，维护保养费用极低，并且符合居民的生活使用习惯，有利于保护居民的隐私。如果能把外遮阳与内遮阳结合起来，内外遮阳各司其职，可以取得更加令人满意的效果。

7）玻璃自遮阳

玻璃自遮阳是利用窗户玻璃自身的遮阳性能，阻断部分阳光进入室内。玻璃自身的遮阳性能对节能的影响很大，遮阳性能好的玻璃常见的有吸热玻璃、热反射玻璃、低辐射玻璃（遮阳系数低）。值得注意的是，前两种玻璃对采光有不同程度的影响，而低辐射玻璃的透光性能良好。此外，利用玻璃进行遮阳必须关闭窗户，这会给房间的自然通风造成一定的影响，使滞留在室内的部分热量无法散发出去。所以玻璃遮阳必须配合百叶遮阳等措施。

8）智能遮阳

智能遮阳是应用现代计算机集成技术来控制遮阳系统的电机，对遮阳板角度调节或遮阳帘升降进行控制，是一种人性化的遮阳方式。智能遮阳的控制器是一个完整的气候站系统，装置有阳光、风速、雨量、温度感应器，可以根据初始设定的舒适度条件，根据气候变化来调节遮阳的开启形式，以创造室内舒适的温度、合适的光线乃至宜人的自然通风。

智能遮阳的智能化控制系统是一个较为复杂的系统，集成了功能要求、控制模式、信息采集、执行命令、传动机构等控制，涉及气候测量、电力系统配置、楼宇控制、计算机控制、外立面构造等多方面的因素。智能遮阳详见协会标准《建筑智能化控制遮阳系统技术规程》T/CECS 613—2019。

适合既有居住建筑节能改造的几种遮阳产品介绍如表3.5-1所示。

既有居住建筑节能改造用遮阳产品介绍表　　　　　　　　表3.5-1

名称	结构示意图	备注
摆转式遮阳篷		1. 卷布 2. 卷管 3. 铰链基座 4. 曲臂 5. 引布杆

名称	结构示意图	备注
斜伸式遮阳篷		1. 卷布 2. 卷管 3. 导向杆 4. 导轨 5. 限位座 6. 曲臂 7. 引布杆
折叠遮阳篷		1. 引布杆 2. 帘布 3. 支架 4. 铰链
分置手动水平百叶帘		1. 拉绳 2. 调光棒 3. 传动系统 4. 顶槽 5. 水平叶片 6. 梯绳 7. 底杆
导轨电动百叶帘		1. 叶片 2. 电机 3. 梯绳 4. 导轨

名称	结构示意图	备注
蜂巢帘		1. 手动操作装置及系统 2. 顶槽 3. 蜂巢帘布 4. 底杆
硬卷帘		1. 皮带传动系统 2. 卷管 3. 罩壳 4. 端座 5. 导轨 6. 帘片 7. 座条
内置百叶中空玻璃制品		1. 遮阳装置 2. 玻璃层 3. 玻璃层 4. 中间层

3.5.3　绿化式遮阳

1）屋面绿化遮阳

夏热冬暖和夏热冬冷地区的植物资源丰富，气候适宜绝大多数常见植物生长。为实现立体绿化隔热技术生态、社会及经济效益之间的平衡，需要根据建筑物类型、绿化功能要求，结合植物生态习性、体量、寿命、生长速度、观赏等，选用适宜的植物种类和布置，实现立体绿化应用形式与内容、环境的统一。

屋面绿化遮阳特别是屋顶花园，利用种植在屋面的植物遮挡阳光对屋面板的直射，可有效降低屋顶内外表面温度，同时创造屋顶宜人的休闲空间，是值得推广的一种防热措施。

结合屋顶构架和屋顶花园设计遮阳，不仅技术上是合理可行的，也能实现美学和功能的完美结合。在屋顶构架上，结合人们活动的需要设置可活动的遮阳布，或者攀援爬藤植物，能在有效阻隔太阳直接辐射的同时，为居民创造宜人的室外交流活动空间。

2）墙面绿化遮阳

绿化墙面遮阳一般选择爬藤植物如爬山虎、牵牛花、爆竹花等，必要的时候可以搭架拉绳，以辅助其生长。

参 考 文 献

[1] 郭建，秦力，郭娈. 东北严寒地区既有住宅建筑节能改造技术探究 [J]. 建筑节能，2009，37（10）：8-10.

[2] 高大钊. 关于岩土力学新分析方法的回顾与思考 [J]. 工业建筑，2006（1）：58-61＋106.

[3] 刘慧，王燕. 城市屋面平改坡技术分析与应用 [J]. 钢结构，2006（1）：25-27＋71.

[4] 宋冰峰，杜勇. 建筑节能呼唤对既有建筑的改造 [J]. 产业与科技论坛，2006（7）：80-81.

[5] 白雪莲，吴利均，苏芬仙. 既有建筑节能改造技术与实践 [J]. 建筑节能，2009，37（1）：8-12.

[6] 朱华. 钢结构的围护技术研究 [J]. 建筑，2009（23）：46-49.

[7] 倪德良，王君若. 保留窗框的门窗节能改造方法与技术及在上海的示范试点应用 [J]. 墙材革新与建筑节能，2012（6）：44-47＋2.

[8] 梁冠华. 既有住宅建筑节能改造的特点及技术性举措 [J]. 住宅科技，2007（5）：43-46.

4　供暖空调

4.1　集中供暖

低能耗建筑改造是通过优化建筑节能设计，采用先进的节能材料和节能技术使得建筑物的建筑能耗降到较低的水平。在我国严寒和寒冷地区，建筑供暖面积超过200亿 m²，以集中供暖为主，在其节能改造过程中，应重点关注供暖系统的热源、热网和用户的改造。

就集中供暖而言，老旧小区的供暖系统普遍存在以下问题：①原有供暖系统自身设计问题，老旧小区大多采用传统的无调节式室内热水单管顺流系统，这种系统先天存在无法按户调节、不便于维修及垂直失调严重等问题；②散热器管材选型问题，老旧小区散热器形式多为铸铁散热器，这种散热器易出现散热效果差、跑冒滴漏现象严重等问题；③无有效的热计量方式，导致用户主动的行为节能意识较低等问题。

对于进行低能耗改造的建筑，尽管多数传统的供暖技术可以应用，但改造过程中要注意传统供暖技术与低负荷、低能耗特点相适应；同时，改造时要结合原有系统特点和建筑特征，根据计算结果，因地制宜地更换、更改和更新改造方案，要关注能耗计量和费用分担，按用户实际能耗情况承担供暖费用，以提高节能意识，引导用户主动节能。

4.1.1　热源及热网

既有建筑供暖系统的热源有热电联产供热、燃煤、天然气锅炉、电锅炉、生物质锅炉、集中热泵式以及工业余热等形式。其中，燃煤锅炉占有较大的比重，锅炉常采用链条炉排，燃煤主要为混煤，着火条件较差，炉腔温度不高，燃烧不充分，炉渣含碳量较高，锅炉热效率较低，存在能源浪费与环境污染问题。在既有建筑供暖热源改造过程中，对于使用年限较长、热源需要更新的供暖系统，应积极响应国家清洁供暖、建筑电气化号召，优先选择新型清洁热源，例如天然气、电力、地热。2020年，京津冀及周边地区、汾渭平原基本完成了供暖散煤替代，基本建成无散煤区，清洁能源改造成果显著。实现供暖清洁能源应用也是推进国家能源革命，实现建筑碳达峰、碳中和绿色发展使命的重要举措。投入使用不久的燃煤锅炉，对锅炉房与热力管网进行节能改造提高其运行效率应给予同样的重视，具体方面如下：

（1）热源的改造控制。将小型分散锅炉房改造成热电联产或集中锅炉房，为供热锅炉安装热工仪表，掌握系统的运行情况，根据负荷状况，对锅炉的压力、排烟温度流量、烟气含氧量、炉膛温度进行综合分析和优化调整，利用气候补偿器根据室外气温与回水温度，实时调节供水水温，避免供热过度。

（2）水泵的改造控制。循环水泵应同建筑热负荷相匹配，以保证水泵流量适应建筑热负荷的变化，当热用户为变流量系统时，循环水泵应设置变频调速装置，当热用户为定流量系统时，可采用分阶段变流量集中。

（3）热力站改装控制。热力站应安装监控系统实时控制和调节热用户的热量。当一、二次供热系统均为质调节、流量不变时，应根据二次供热系统的供回水温度控制一次供热系统的供水手动调节阀或自力式调节阀。供热系统采用定流量质调节运行方式时应装设自力式流量控制器，采用变流量调节系统应装压差控制器。

（4）推广供热管道无补偿直埋技术，采用聚氨酯硬质泡沫塑料保温，降低热损失。施工时应使用符合产品标准的预制保温管和管件，并确保工程设计和施工质量。在夏季等非供暖季，管道进行充水保护，在停暖检修后及时充满符合标准要求的水，防止管道受损，延长管道使用寿命。

（5）积极应用智能化供暖新技术。在锅炉房等热源设备中，对于散煤投放与温度采用智能控制。通过入水传感器和出水传感器来智能感知室内温度变化，通过阀门有效控制室内供暖设备的温度。

4.1.2 热力入口

热力入口是指集中供暖系统中，控制、调节、调整进入室内介质压力及流量的装置。热力入口设置在进入每栋建筑物之前的地沟内，并设置热力入口井，以便于人员操作和检修。目前集中供热管网上的供暖用户与热网的连接形式基本为两种：直接连接和间接连接。直接连接是用户系统直接连接于热水网路上，热水网路的水力工况和供热工况与供暖热用户有着密切的联系。间接连接方式是在供暖系统热用户设置水—水换热器，用户系统与供热管网系统被水—水换热器隔离，形成两个独立的系统，用户与网路之间的水力工况互不影响。

根据室外供热管网的运行特点和室内供暖系统控制调节特点，热力入口所增设的平衡调节设备也应有所不同，具体如下：

（1）同一供热系统的建筑物内均为定流量系统时，宜设置静态平衡阀；

（2）同一供热系统的建筑物内均为变流量系统时，供暖入口宜设自力式压差控制阀；

（3）当供热管网为变流量调节，个别建筑物内为定流量系统时，除在该建筑供暖入口设自力式流量控制阀外，其余建筑供暖入口还应用自力式压差控制阀；

（4）当供热管网为定流量运行，只有个别建筑物内为变流量系统时，若该建筑物的供暖系统负荷在系统中只占很小比例，该建筑供暖入口可设静态平衡阀；若该建筑物的

供暖热负荷所占比例较大会影响全系统运行时,应在该供暖入口设自力式压差旁通阀;

(5) 当系统压差变化量大于额定值的 15% 时,室外管网应通过设置变频措施或自力式压差控制阀实现变流量方式运行,各建筑物热力入口可不再设自力式流量控制阀或自力式压差控制阀,改为设置静态平衡阀;

(6) 建筑物热力入口的供水干管上宜设两级过滤器,初级宜为滤径 3mm 的过滤器;二级宜为滤径 0.62～0.75mm 的过滤器,二级过滤器应设在热能表的上游位置;供、回水管应设置必要的压力表或压力表管口。

每栋建筑物热力入口处应安装热量表。对于用途相同、建设年代相近、建筑物耗热量指标相近、户间热费用分摊方式一致的若干栋建筑,可统一安装 1 块热量表。

热力入口应考虑设在单体内的专用小室中,优先考虑在单体的地下室或管道夹层中设置单独的房间。当单体没有地下室且进线位置没有独立空间设置小室时,可以考虑在室外设热力入口井或沿外墙设置室外热力阀组箱。

4.1.3 室内供暖系统

老旧小区室内供暖多采用散热器供暖,但系统形式不尽相同,因此既有居住建筑在做低能耗改造时,应充分调研室内供暖系统的形式,对症下药,进行改造。

(1) 原供暖系统为垂直单管顺流式系统时,应改为垂直单管跨越式系统,每组散热器的供水支管应设低阻力两通恒温阀+跨越管或低阻力三通恒温阀(图 4.1-1)。

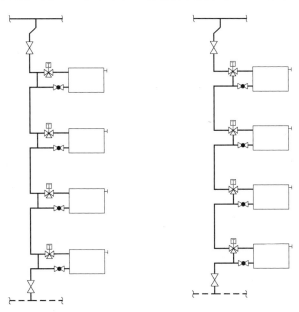

图 4.1-1 垂直跨越管系统改造示意图

由于在原有系统中增加了跨越管,设计时必须要考虑散热器进流系数 α 对散热器的散热量及温控阀的调节特性的影响,必须保证通过散热器的流量大于原来流量的 30%。当连接散热器支管管径为 DN20,跨越管管径为 DN15 时,散热器进流系数 $\alpha=$

0.48；连接散热器支管管径为 DN25，跨越管管径为 DN15 时，散热器进流系数 $\alpha=$ 0.48；连接散热器支管管径为 DN20，跨越管管径为 DN20 时，散热器进流系数 $\alpha=$ 0.25；连接散热器支管管径为 DN25，跨越管管径为 DN20 时，散热器进流系数 $\alpha=$ 0.32。可见，在常用的立管管径设置范围内，跨越管比连接散热器支管管径小一号或小二号时，能满足进流系数不小于 0.3。

（2）原散热器供暖单双管系统进行改造后仍采用单双管系统，在散热器供水支管上设低阻力三通恒温阀，如图 4.1-2（a）所示。

（3）供暖系统保留单双管供暖的形式，相比改为双管系统加高阻力恒温阀的供暖系统，更有利于避免垂直水力失调，同时不需要在现有住户内的楼板上增开套管孔洞，对住户的影响较少。

（4）原垂直或水平双管系统应维持原系统，每组散热器的供水支管应设高阻力两通恒温阀，如图 4.1-2（b）所示。

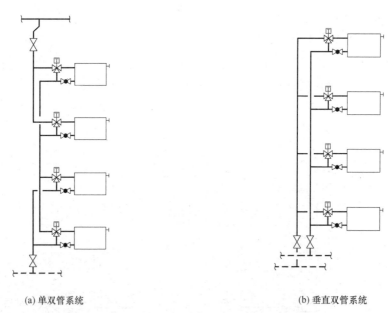

(a) 单双管系统　　　　　　　　　　　　(b) 垂直双管系统

图 4.1-2　单双管及垂直双管系统改造示意图

由于高阻力恒温两通阀本身的阻力特性可以有效地缓解垂直双管系统的竖向水力失调问题，使得改造后的供暖系统水力平衡情况得以改善，选用时宜采用有预设阻力功能的恒温阀。

以上这些室内供暖改造方式结合老旧小区原有垂直单双管系统进行，对原有系统和室内破坏小，改造后的系统通常以一栋建筑或建筑类型相同、建筑年代相近、围护结构雷同、热费分摊方式相同的多栋建筑作为一个热费结算点进行热计量和分摊。

4.1.4　分户计量

热用户应用技术发展是城市供热产业中最薄弱的环节，主要是由于计划经济时期福利"包烧制"供暖制度造成的。因此，目前我国民用住宅热用户室内供暖系统绝大多数为单管垂直串连系统，系统内垂直失调严重，高层和低层冷热不均，供热质量差；供暖管道材质均为普通碳素钢管，散热器以铸铁为主，室内系统中除了一些陈旧的关断阀门外，基本上没有任何调节设备及手段，也没有温度、压力、流量、热量表等设备。特别是单管垂直系统难以实现热用户按热量计量收费，造成目前收费难进而导致供热更难的严重局面。因此，在供热系统节能改造时，分户热计量是需要改造的内容之一。

（1）竖井内双管式，户内水平串联，入口设热水表、锁闭阀。在楼梯间设置管道竖井，竖井内布置该单元供暖、供回水立管，室内供回水管敷设在该层地面附近侧墙的沟槽内。该形式实现了分户控制和分户计量，竖向无立管，不影响装修，但该形式不能进行室温控制，管线过门需处理，每组散热器需设跑风。

（2）竖井内双管式，户内水平跨越式串联，入口设热量表、锁闭阀，每个散热器均设温控阀。该形式与形式（1）不同点在于散热器与主干管的连接方式，该形式实现了分户控制和分户计量，还可以调节每个散热器流量，从而调节室温，提高房间的舒适度，缺点是管线过门需处理，每组散热器需设温控阀、跑风。

（3）竖井内双管式，户内水平并联，入口设热表、锁闭阀，每个散热器均设温控阀。该形式室内系统由水平串联改为水平并联，将供回水主管敷设在本层顶板下，优点是易于管理，可克服双管系统的层高限制，提高舒适度，无管线过门及地面处理问题，放气方便，解决了垂直水力失调，节能效果明显；缺点是供回水主管敷设在本层顶板下，竖向立管多，屋顶干管多，对装修影响较大，影响室内的美观，需要与建筑和室内装修配合隐蔽管路。

（4）内双管水平并联，每户设热量表、锁闭阀，散热器设温控阀。与形式（3）相比，形式（4）可在户内任意隐蔽位置布置竖向双管，热量表选用远程传感式，可与水电煤气的远传信号一起传送给物业管理公司，便于统一管理。此系统优点是系统设置不受户型布置的约束；缺点是关闭锁闭阀门时要进入户内。

（5）竖井内双管式，户内地面辐射供暖，每户设热量表、锁闭阀，散热器设温控阀、分集水器。可分室控温，垂直温度场分布比较均匀，空气对流减弱，有较好的空气洁净度，热舒适度最好。与其他形式相比节能并可使用低品位热媒，无散热器，不占室内空间，有利于建筑装饰；缺点是造价略高于散热器供暖，需要设隔热及构造层，占用空间高度至少80mm，增加地面荷载约120kg/m^2，地面二次装修时易被损坏，需设置单独热源系统。

4.2 热泵式供暖空调

热泵式供暖空调采用电动机驱动蒸气压缩制冷循环实现供热和制冷，可以利用水或空气中的热能作为低位热（冷）源。既有居住建筑改造一般采用空气作为其热（冷）源，依据现行国家标准定义，主要的应用方式可以分为热泵型房间空调器、低环境温度空气源热泵热风机、单元式空气调节机、多联式空调（热泵）机组、低环境温度空气源热泵（冷水）机组（户用及类似用途）、热泵型新风环境控制一体机等。上述热泵式供暖空调常用产品的优点包括：冷热源合一，不需要专门的机房，施工安装简便，不占用建筑使用面积，无冷却水系统，操作方法通俗易懂，冷媒易于回收，整机易于移位，使用安全方便等。

随着热泵低温供暖技术的不断进步，以空气源热泵、热泵型房间空调器等为典型代表的热泵式供暖空调产品在北方严寒、寒冷地区建筑中的应用日益增多，尤其是在近几年的清洁供暖工作中，更是作为"煤改电"的主要设备之一得到了重点推广，是既有居住建筑用能设备低能耗改造的重要技术途径之一。

4.2.1　技术概述

1）热泵型房间空调器

房间空调器是一种向密闭空间、房间或区域直接提供经过处理的空气的设备，主要包括制冷、除湿用的制冷系统以及空气净化装置，部分产品包含加热和通风装置。热泵型房间空调器相对单冷型房间空调器增加了热泵蒸发式制热功能，一般匹配低功率的辅助电加热器，可用于夏季需要制冷、冬季需要制热的场所。房间空调器大多采用分体结构，按结构主要分为窗式、挂壁式、吊顶式、柜式等。既有居住建筑改造中常采用挂壁式热泵型空调器，可分体安装，使用简便，在家庭中使用广泛，制冷量或制热量范围一般为 2.5～7kW，室内机设有操作开关、室内换热器、风机、电器控制箱等，室外机则设有压缩机、室外换热器、轴流风机、换向阀、节流机构等。

2）单元式空气调节机

单元式空气调节机相比房间空调器制冷量、制热量更大，一般适用于较大建筑面积的既有居住建筑改造，柜式空气/空气热泵空调机组是目前较为常用的一种商用单元式空气调节机，其制冷量或制热量范围一般为 7～100kW。其中制冷量或制热量为 5～15kW 的为轻型或称薄型柜式热泵空调机，一般风机的压头较小，适合直接安装在房间里使用。制冷量或制热量为 20～100kW 的为大型柜式热泵空调机，其风机的压头较大，可以用风管将风送入各个需要制冷或制热的空调房间，适用于公寓、别墅等类型的居住建筑。绝大多数挂壁式房间空调器和柜式空气/空气热泵空调机组是一台室外机对应一台室内机，常称为"一拖一"系统。

3）多联式空调（热泵）机组

多联式空调（热泵）机组，简称为多联机，是一台或数台室外机可连接数台不同或相同型式、容量的直接蒸发式室内机构成的单一制冷循环系统，可以向一个或数个区域直接提供处理后的空气，也就是日常所称的"一拖多"系统。如图 4.2-1 所示，多联机可以是一台压缩机对应两台室内机，也可以是多台压缩机对应多台室内机。为了适时满足各区域供热、制冷需求，多联机采用电子膨胀阀控制供给到各个室内机盘管的制冷剂流量，并通过控制压缩机改变系统的制冷剂循环量。对于同一时间具有供热和制冷需求的建筑，可以采用三管制的热回收型多联机空调（热泵）机组，该类机组能够将正在运行制冷模式室内机的冷凝热回收，用于正在以制热模式运行的室内机。

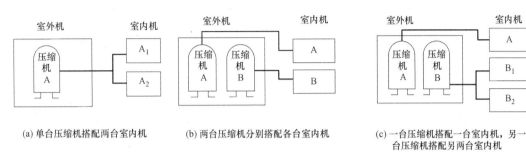

(a) 单台压缩机搭配两台室内机　　(b) 两台压缩机分别搭配各台室内机　　(c) 一台压缩机搭配一台室内机，另一台压缩机搭配另两台室内机

图 4.2-1　多联机系统示意图

4）低环境温度空气源热泵（冷水）机组（户用及类似用途）

低环境温度空气源热泵（冷水）机组是由电动机驱动的蒸气压缩制冷循环，以空气为热（冷）源的热泵（冷水）机组，能在不低于−20℃的环境温度里制取热水，该机组以供热功能为主，在中小型居住建筑中应用广泛。其分类方式很多，按压缩机的型式分，有全封闭、半封闭往复式压缩机、涡旋式压缩机、半封闭螺杆式压缩机等；按机组容量大小分，有别墅式小型机组（制冷量 10.6～52.8kW）、中大型机组（制冷量 70.3～1406.8kW）；按机组的功能分，有常规机组、带热回收的机组及蓄冷蓄热机组；按工作温度分，有常温机组和低温型机组。空气源热泵冷热水机组的性能不仅与室外气象条件有关，还与用户需求的热水温度与温差（或流量）有关，进而与室内供暖末端的形式相关。在选择末端设备时，风机盘管和地板辐射系统的供暖温度在 35～40℃之间，与常规空气源热泵冷热水机组出水温度比较匹配。对于散热器而言，市场上也有低环境温度下制备高于 60℃ 热水供暖的空气源热泵产品，但是对供水温度的高要求会导致空气源热泵机组的能效比下降。

5）低环境温度空气源热泵热风机

低环境温度空气源热泵热风机是一种利用电机驱动的蒸气压缩循环，将室外低温环境空气中的热量转移至密闭空间、房间或区域，使其内部空气升温，并能在不低于−25℃的环境温度下使用的设备。它主要包括制热系统以及空气循环和净化装置，还可以包括通风装置。相比于以水为冷凝侧工质的空气源热泵机组，可以直接将冷凝热排放到空气中，并采用合理的室内气流组织形式均匀地为室内供暖，换热过程更加直接，具有较高的能效系数，是目前清洁供暖工程中常用的热源清洁化改造方式。随着该产品在我国严寒、寒冷地区的不断推广，对低环境温度下稳定制热能力的要求越来越高，目前国家标准规定在－12℃干球温度、－13.5℃湿球温度的室外机工况，20℃入口温度的室内机工况下，机组制热性能系数（COP）应不低于 2.20；在－20℃干球温度的室外机工况，20℃入口温度的室内机工况下，制热性能系数（COP）应不低于 1.80。

6）热泵型新风环境控制一体机

热泵型新风环境控制一体机是以热泵作为冷热源装置，室内机具有新风热回收功能，通过集成控制单元实现室内温湿度、新风量、空气质量有效控制的一体式机组。该产品作为一种兼顾供热、制冷、热回收、空气净化、新风供应等功能的新型产品，具有较高的集成度，近年来在被动房和近零能耗建筑中具有较大的推广应用前景。采用国家标准规定的测试方法对某典型产品进行检测，实测热泵型新风环境控制一体机的制冷工况全热回收效率为 70.3%，制热工况全热回收效率为 78.8%，内循环房间空调器模式下制冷能效比为 2.98，制热性能系数为 3.19，产品的有效换气率和过滤效率分别达到 97% 和 93.4%，产品性能高于近零能耗建筑技术标准的要求，为近零能耗居住建筑提供了新的能源环境解决方案。

4.2.2 技术要点

1）设备选择

热泵式供暖空调设备除了需要满足建筑在冬季的供暖需求外，还需要满足建筑夏季的空调需求。由于不同气候区的冬夏负荷具有明显的差异性，在设备选型时应注意有所区别：对于严寒和寒冷地区应选择低温型空气源热泵机组，并用冬季供暖负荷进行机组的设计容量与修正；对于夏热冬冷地区，建议使用夏季负荷进行机组的容量设计与修正。当冬夏负荷相差较大时，建议选择多台机组对应不同季节运行使用。

表 4.2-1 是国家标准《低环境温度空气源热泵（冷水）机组第 2 部分：户用及类似用途的热泵（冷水）机组》GB/T 25127.2—2020 中对名义制热量不大于 35kW 的空气源热泵（冷水）机组制热工况的性能参数要求，按机组匹配的末端形式，分类为地板辐射型、风机盘管型、散热器型，以该参数为例，可以在设备选型时作为参考。

匹配不同末端的低环温空气源热泵热水机组性能参数　　　　　表 4.2-1

气候区	地板辐射型	风机盘管型	散热器型
名义工况	空气干/湿球温度： －12/－13.5℃， 出水温度:35℃	空气干/湿球温度： －12/－13.5℃ 出水温度:41℃	空气干/湿球温度： －12/－13.5℃ 出水温度:50℃
低温工况	空气干球温度： －20℃,出水温度:35℃	空气干球温度： －20℃,出水温度:41℃	空气干球温度： －20℃,出水温度:50℃
COP-名义工况	2.30	2.10	1.70
COP-低温工况	2.00	1.80	1.50

2）结霜问题

空气侧换热器结霜是空气源热泵常见的问题。冬季运行时，当空气侧换热器表面温度低于周围空气的露点温度且低于0℃时，换热器表面就会结霜。结霜会增大传热器热阻，恶化传热效果，还会增大空气流动阻力，导致机组供热能力下降，严重时会导致停机无法运行。解决这一问题的途径大致分为两类，一是设法抑制换热器结霜，二是选择良好的除霜方法。

抑制换热器结霜的方法有：①增加辅助的室外换热器。②在室内换热器中设置电加热器。③采用蓄能热气除霜等改进的系统流程。④对室外换热器表面处理进行特殊处理。⑤适当增大室外换热器通过空气的流量。

常用的除霜方法有热气除霜法、电热除霜法、空气除霜法、热水除霜法、超声波除霜法等。此外，近年来，空气源热泵机组抑霜控霜的技术也在不断发展。利用图像识别技术辨别机组结霜情况，并进一步控制除霜等新技术的研发使得空气源热泵机组在低温高湿环境中的稳定供暖效果得以提升，进一步扩大了空气源热泵的应用范围。

3）低温制热量下降问题

我国北方大部分地区属于严寒、寒冷气候区，冬季气温低、气候干燥，使用空气源热泵供暖，结霜现象不太严重，但会出现制热量不足的问题。

建筑物热负荷随室外气温的降低而增加，而空气源热泵的制热量却随着室外气温的降低而减少。其原因主要是：当供热温度一定（冷凝温度不变）时，室外气温的降低使空气源热泵的蒸发温度降低，引起吸气比容变大；同时，压缩比变大，压缩机的容积效率降低，空气源热泵的制冷剂质量流量变小，导致制热量降低。

为提高空气源热泵实际运行的可靠性，在系统设计时，应注意根据空气源热泵的平衡点温度及室外设计温度对机组的制热量进行修正。空气源热泵的平衡点温度为该机组的有效制热量与建筑热负荷相等的室外温度，即机组制热量曲线与建筑热负荷的交点。当室外气温高于平衡点温度时，空气源热泵机组供热有余，需要对机组进行调节，使机组所提供的热量尽可能接近建筑物的热负荷；当室外气温低于平衡点温度时，空气源热泵机组供热量不足，不足部分需要由辅助热源提供。

由于机组的选择不同以及不同温度下的建筑负荷不同，两曲线的交点即空气源热泵平衡点温度会有多个。平衡点温度过低，则选用的辅助热源较小，甚至可以不加辅助热源。但选取的空气源热泵容量将会过大，长期在部分负荷下运行，运行效率降低。如平衡点温度选得过高，则所需辅助热源过大，亦不利于节能。

空气源热泵平衡点的选择涉及设备初投资和运行经济性，考虑设备初投资、辅助加热设备、节能和运行的经济性等因素后，寒冷地区和夏热冬冷地区的最经济平衡点温度（全寿命周费用最低为目标）比供暖室外计算温度高0～2℃，而严寒地区最经济平衡点温度比供暖室外计算温度高2～9℃。因此，在严寒地区使用空气源热泵时需要注意对机组制热量进行修正并比较系统的经济性。

4）设备与管路布置问题

房间空调器、多联机、低环境温度空气源热泵热风机等属于冷剂式热泵空调，主要依靠蒸发压缩循环中的制冷剂传递热（冷）量，因此室内外机的设备位置，以及连接管路的布置对实际供热制冷能力有显著影响。以多联机系统为例，当制冷剂管路过长时，制冷时会导致流动阻力、管路传热系数增大，压缩机吸气压力下降且过热度增大，从而使制冷量下降、功耗增大，系统能效（EER）下降，同时管路过长也会导致制冷剂泄漏的可能性增大。室外机相对室内机的高差过大时，在制冷工况下将导致最低处室内机电子膨胀阀前压力增大，偏离正常工作范围，导致开度减小，出现调节不稳或产生振荡；在制热工况下，液态制冷剂从室内机返回室外机，上升压力下降，如液体过冷度小，则会出现闪发蒸汽，影响流量分配和电子膨胀阀工作。当多台室外机或室内机并联使用时，如果室外机之间高差过大，则会导致液体管压力不易平衡，处于低处或者远处的室外机排泄不畅；如果室内机之间的高差过大，则会导致高位室内机的电子膨胀阀前压力减小，流量不足，相反低位室内机的电子膨胀阀前压力过大，运行不稳定。

4.3 新风热回收

居住建筑的室内空气品质对人体的健康有着重要的影响，住宅建筑多通过开启窗户满足新风需求，这种方式难以有效通风换气，同时对室内人体热舒适性和空调能耗有较大影响。目前市面上常用一些住宅式通风系统进行除霾与加强通风，但这也造成新风负荷在整个空调系统负荷中占有较大的比例，尤其在北方严寒地区，冬季时间长，室内外温差大，新风热负荷所占的比例会更高。通过热回收装置回收排风中的部分热量，可以减少新风负荷，达到空调系统节能的目的。

按照回收热量的不同，热回收可分为全热回收和显热回收。全热回收装置既能回收显热，又能回收潜热，此类装置有转轮式换热器、板翅式换热器和溶液吸收式换热器。显热回收装置只能回收显热，具体的类型有中间热媒式换热器、板式换热器和热管式换热器，它们的综合比较如表4.3-1所示。

不同热回收换热器综合比较　　　　　　　　　　表 4.3-1

热回收方式	效率	设备费	围护保养	辅助设备	占用空间	交叉污染	自身能耗	抗冻能力	使用寿命
转轮式换热器	高	高	中	无	大	有	有	差	中
板翅式换热器	较高	中	中	无	大	有	无	中	中
中间热媒式	低	低	中	有	中	无	高	中	良
板式换热器	低	低	中	无	大	有	无	中	良
热管式换热器	较高	中	易	无	中	无	无	好	优

　　按照回收方式的不同，空气热回收装置可分为静态回收装置和动态回收装置。动态回收装置指空气侧有动态交换的回收方式，具体的类型是转轮式换热器，静态回收是指其他几种空气侧没有动态交换的回收方式。目前市面上常用的住宅户式通风系统的特点及优缺点见表4.3-2。

常见通风系统设备特点及效果比较　　　　　　　　　　　　　表4.3-2

户式通风系统	设备特点	居室通风效果
正压除霾	单向风机,新风过滤后向室内送风	除霾有效 气流组织不定 气密性好,效果差 舒适性差
双向流净化与新风 （无热回收）	送和排各有风机,新风过滤后向室内送风,污风排出	除霾有效 气流组织稳定 舒适性差
全热回收净化与新风	送和排各有风机,新风过滤后向室内送风,污风排出	除霾有效 气流组织稳定 舒适性高 可能有交叉感染
显热回收净化与新风 （塑料或铝箔热交换器）	送和排各有风机,新风过滤后向室内送风,污风排出	除霾有效 气流组织稳定 舒适性高
分室壁挂明装正压除霾机	单向风机,新风过滤后向独立房间送风	除霾效果好 气流组织不定 气密性好,效果差 舒适性差 噪声大
分室壁挂明装双向流净化与新风	送和排各有风机,新风过滤后向给一个房间,从同一房间抽风排出	除霾效果好 气流组织稳定 舒适性差 噪声大
分室壁挂明装全热回收净化	与新风一个房间,从同送和排各有风机,新风过滤后向给一房间抽风排出	除霾效果好 气流组织稳定 舒适性高 噪声大

　　热回收设备的使用在保证室内有足够的新鲜空气置换的前提下，可降低空调运行中的冷热负荷，从而降低耗电量，所以要结合全热回收和显热回收的优点，针对不同的用户，合理设计与应用不同的热回收技术。

4.4　太阳能供暖

　　太阳能供暖分为被动式和主动式两种形式。被动式太阳能供暖是通过布置建筑朝向、设计外形结构和内部环境、挑选建筑材料等方式使建筑在冬季更多地吸收太阳能，进而达到提升室内温度的目的。由于没有专门的太阳能集热器和热媒输配设备，太阳能集热和蓄热难以人为控制，因而称为"被动"。与"被动"相对，利用太阳能集热器、水泵或风机等设备加热并输送热水或热空气至室内，从而实现建筑供暖的方式称为主动式太阳能供暖。相比而言，被动式太阳能供暖维护管理简单方便，经济性好；主动式太阳能供暖系统集热效率高，热量的蓄集与分配均可控制。

4.4.1 被动式太阳能供暖

既有居住建筑改造时，被动式太阳能供暖措施需与建筑结构改造同步设计。根据建筑情况和改造条件，可采用的单项技术措施有直接受益式、附加阳光间、集热蓄热墙、集热蓄热屋顶、集热墙等形式，也可以将多个单项措施组合使用。被动太阳房适用于单层住宅、多层住宅及别墅类的居住建筑。

1）直接受益式

利用建筑南向透光窗直接供暖的方式称为直接受益式，其工作原理是让阳光透过外窗直接投入室内，经地面和内墙面吸收变成热能后，通过热对流和辐射的形式加热室内空气。常见的做法是增加南向外窗面积，或增设高侧窗与天窗，这种利用太阳能的方式最简单直接，效率也较高，缺点是当建筑保温和蓄热性能较差时，太阳落山后室温降温快，昼夜室温波幅大。增加夜间保温是减小昼夜室温波幅常用的措施，可根据具体情况选用活动保温扇、保温帘、保温板等。

2）附加阳光间

在建筑南侧附建阳光间的形式称为附加阳光间。阳光间的南立面及顶面多采用玻璃或其他透光材料建造。附建阳光间后，建筑的南立面作为间隔墙分隔室内空间与阳光间，阳光间内的空气被太阳加热后，在对流作用下，由间隔墙上的门窗或专设风口进入室内，起到提升室温的作用。与直接受益式相比，附加阳光间在夜晚成为建筑散热的缓冲区，减少了房间的热损失，作为室外与室内居住区的"隔离屏障"，由于夜间温度相对较低，阳光间一般不作为卧室使用，可以采用增设活动保温的方式，减小夜间散热，但是由于透光面积大，附加阳光间加设夜间保温的难度也有所增加。

3）太阳能集热蓄热墙、集热墙

集热蓄热墙的常见做法是在南墙外侧增设玻璃罩，玻璃罩与墙体之间留 60～100mm 左右的空气间层，每个房间在南墙的上下部各开一个风口。太阳光投射到蓄热墙表面被吸收转换为热能，加热墙与玻璃之间的空气，间层内的空气受热后在上风口、室内、下风口之间形成自然循环，热空气从上风口进入室内，与室内的冷空气对流换热后从下风口流出，实现室内温度的提升。用南墙做蓄热墙时，外表面涂成深色将起到更好的蓄热作用。需要注意的是，在夜间需关闭上下风口，以防止空气逆循环。集热墙与集热蓄热墙的原理相似，不同之处在于集热墙的做法一般是采用涂刷成深色的金属板吸热，瞬时吸热功率较高，但与集热蓄热墙相比蓄热能力较弱。

4）太阳能集热蓄热屋顶

集热蓄热屋顶的工作原理是在屋顶设置集热蓄热装置，白天吸热蓄热，夜间由顶棚通过热辐射及对流方式向室内空间供热。除冬季被动供暖外，集热蓄热屋顶在夏季还可以起到隔热作用。在屋顶设水池、卵石层或直接利用混凝土顶板作为集热蓄热材料都是可选的方案。无论使用哪一种，在居住建筑改造时均应注意增设活动保温板。夏季夜开昼合，白天隔绝阳光直射，夜晚打开保温板向天空辐射散热，从而使建筑降温；冬季昼开夜合，白天打开保温板吸收并蓄积太阳能热量，夜间关闭保温板减少热量的散失。由于热空气比冷空气轻，冬季由顶棚向下对流供热时一般需要加风扇强制送热风。

4.4.2 主动式太阳能供暖

主动式太阳能供暖系统可以在既有居住建筑改造时替代或配合常规供暖热源使用。由于建筑本体的耗热量与太阳能供暖系统的设计容量直接相关，利用主动式太阳能供暖需要建筑具有良好的热工性能，改造后的建筑围护结构的传热系数应至少达到建筑所在气候区的建筑节能设计标准的规定，有条件的改造项目还应适当提高标准。这样采取被动式节能优化，搭配高效的主动式太阳能供暖系统，可以进一步节约资源，减少建设投资费用，是一种更科学、经济的做法。从使用功能上，主动式太阳能热利用一般匹配有蓄能系统；在保障稳定供热的同时，采用间接式换热、可有效保障水质的系统还可以提供生活热水，这种系统可以同时满足供暖需求和热水需求。

1）太阳能供暖系统的类型

太阳能供暖系统由太阳能集热系统、蓄热系统、末端设备、自动控制系统和其他能源辅助加热/换热设备集合构成。其中，太阳能集热系统与蓄热系统是既有居住建筑改造时需要增设的部分。根据太阳能集热器的布置方式，太阳能供暖系统可以分为集中式和分散式两类。

集中式太阳能供暖系统的典型形式是集中集热-集中供热，具有以下特点：

（1）适用于相对集中但又远离常规能源系统的住宅建筑群，需要设立集中热源站及二级换热站，并由专业人员负责运行维护。

（2）太阳能集热器集中铺设在较为空旷的场所。

（3）优点是集热系统、供暖系统和辅助热源系统间接连接，相互独立，易于运行管理和控制维护，管网末端的用户用热方便。

（4）缺点是系统运行的设备部件多，集热地点距离用热建筑较远，需要通过敷设长距离供暖管网，造价高。

分散式太阳能供暖系统一般指分散集热-独立用热的太阳能供暖系统，具有以下特点：

（1）适用于建筑或建筑群相对独立的情况，自成一个系统，独立完成供暖。

（2）太阳能集热器铺设在建筑屋面或立面，可以多栋建筑共用一个热力机房。

（3）优点是可以个性化调节供热温度，用户间互不干扰；无需敷设供暖管网，设备部件少，总造价低。

（4）缺点是对运行维护能力的要求高，需要用户独立运行并维护处理系统问题。

2）太阳能集热器分类

太阳能集热器是吸收太阳辐射并将之转换为热能的装置，是太阳能供暖和热水系统中的关键部件。早期的太阳能集热器大多与贮热水箱一体化构造成型，即闷晒式太阳能热水器，这种形式的太阳能热水器结构简单，造价低廉，但夜里保温较差，夜晚使用时段受限。为了更好地应用太阳能，随着技术的发展，太阳能集热器和贮热水箱逐渐分开，出现了真空管型集热器、平板型集热器和聚光型集热器等。中国生产与应用的太阳能集热器以液体工质集热器为主，尤其是太阳能热利用产业在进入 20 世纪 90 年代后期以来迅猛发展，中国已成为世界上产量最多、总使用量最高、发展潜力最大的太阳能集热器市场之一。目前在我国普遍应用的太阳能集热器技术特征如下。

图 4.4-1　平板型太阳能集热器

（1）平板型太阳能集热器

平板型太阳能集热器指的是吸热体表面基本上为平板形状的非聚光性太阳能集热器（图 4.4-1）。一般由吸热板、盖板、保温层和外壳 4 部分组成。工作原理是，太阳光透过透光盖板照射在表面涂有高太阳能吸收率涂层的吸热板上，吸热板吸收太阳辐射后温度升高，将热量传递给集热器内的工质，使其温度升高，作为载热体输出有用能量。

（2）真空管型太阳能集热器

真空管型太阳能集热器指的是采用透明管（通常为玻璃管）并在管壁和吸热体之间有真空空间的太阳能集热器。按照构造设计可分为全玻璃真空管型、金属—玻璃结构真空管型等。

全玻璃真空管型太阳能集热器是由多根全玻璃真空太阳集热管插入联箱而组成。其工作原理是太阳光能透过外玻璃管照射到内管外表面吸热体上转换为热能，然后加热内玻璃管内的传热流体，由于夹层之间被抽真空，有效降低了向周围环境的热损失，集热效率得以提高。金属—玻璃结构真空管型太阳能集热器是在全玻璃真空太阳集热管的基础上开发出来的，它将热管直接插入真空管内或将 U 形金属管吸热板插入真空管内。这两种类型的真空集热管既未改变全玻璃真空太阳集热管的结构，又提高了产品运行的可靠性。此外，还有利用玻璃—金属封接在真空状态下的热管，通过热管传递热量的真空管型太阳能集热器（图 4.4-2）。

图 4.4-2 竖排真空管型太阳能集热器与横排真空管型太阳能集热器

（3）太阳能集热面积与效率

既有居住建筑改造过程中，太阳能供暖和热水系统设计的最重要内容是计算太阳能集热器的效率并确定系统所需的太阳能集热器使用面积。

按照涵盖范围的不同，太阳能集热器的面积可分为总面积、采光面积和吸热体面积。总面积为整个集热器的最大投影面积，不包括那些固定和连接传热工质管道的组成部分；采光面积为汇聚太阳辐射进入集热器的最大投影面积；吸热体面积为吸热体的最大投影面积。进行系统设计时，一般使用总面积和采光面积：总面积用于衡量建筑外围护结构，如屋面是否有足够的安装面积，而采光面积用于衡量集热器的热性能是否合格。

太阳能集热器基于采光面积和总面积的热效率不同；基于采光面积的效率会大于基于总面积的效率。图 4.4-3 显示了实测质量优于常规产品的太阳能集热器瞬时效率

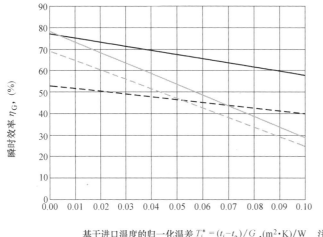

图 4.4-3 热性能优于标准规定合格指标产品基于不同面积的效率曲线

曲线。可以看出：平板型太阳能集热器基于总面积和采光面积效率的差别较小，原因是不可收集太阳能的边框面积较小，所以总面积和采光面积差别较小；而真空管型太阳能集热器因为有较多的管间距（管之间的空隙不能收集太阳能），造成总面积和采光面积差别较大，所以基于总面积和采光面积效率的差别较大。在归一化温差约等于0.052时，两种集热器基于总面积的效率相等，约为47%，更低的归一化温差（太阳辐照度和环境温度越高、集热器的工作温度越低）下平板型集热器效率更高，同理真空管型集热器保温性能好，效率也更高，因此为保证系统能够达到较高的节能效益，在进行集热器的选型时，需要依据实测得出的瞬时效率曲线和方程来确定；在集热器安装面积一定时，选用高效的优质产品可以取得更好的系统效益。

3) 太阳能集热器的安装

(1) 太阳能集热器的朝向与倾角

太阳能集热器与建筑原有构造共同构成围护结构时，集热器的安装方位角可查阅相关施工放线记录；太阳能集热器在建筑表面安装、不构成建筑物围护结构部件时，其安装方位角和倾角应按设计标准执行，安装误差应在±3°以内。

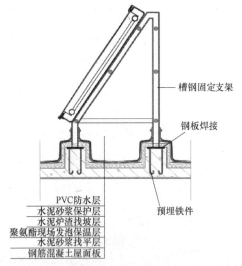

图 4.4-4 太阳能集热器在平屋面上设置示意图

(2) 太阳能集热器在平屋面上设置

我国城市住宅大部分是多、高层平屋面建筑，太阳能集热器设置在平屋面上是最为简单易行的设计方法。其优点是安装简单，可放置的太阳能集热器面积相对较大，对于平屋面的既有居住建筑改造来说是很好的方式（图 4.4-4）。其设计要点如下：

① 放置在平屋面上太阳能集热器的日照时数应保证不少于4h，互不遮挡、有足够的间距（包括安装维护的操作距离），排列整齐有序。

② 太阳能集热器在平屋面上安装需通过支架或基座固定在屋面上。建筑设计为此需计算设计适配的屋顶预埋件，以用来安装固定太阳能集热器，使太阳能集热器与建筑锚固牢靠，在风荷载、雪荷载等自然因素影响下不被损坏。为了尽可能地使集热器安装与建筑结合更为规范，具体做法可以参考《太阳能集中热水系统选用与安装》15S128。

③ 建筑设计应充分考虑在屋面上设置太阳能集热器（包括基座、支架）的荷载。

④ 固定太阳能集热器的预埋件（基座或金属构件）应与建筑结构层相连，防水层需包到支座的上部，地脚螺栓周围要加强密封处理。

⑤ 平屋面上设置太阳能集热器，屋顶应设有屋面上人孔，用作安装检修出入口。太阳能集热器周围和检修通道，以及屋面上人孔与太阳能集热器之间的人行通道应敷设刚性保护层，可铺设水泥砖等来保护屋面防水层。

⑥ 太阳能集热器与贮水箱相连的管线需穿过屋面时，应预埋相应的防水套管，对其做防水构造处理，并在屋面防水层施工之前埋设安装完毕。避免在已做好防水保温的屋面上凿孔打洞。

⑦ 屋面防水层上方放置太阳能集热器时，其基座下部应加设附加防水层。

（3）太阳能集热器在坡屋面上设置

对于坡屋面，可在隔热保温层上方将太阳能集热器在坡屋面上顺坡架空设置或顺坡镶嵌设置（图4.4-5～图4.4-8）。集热器架空安装时，从与建筑结合的角度来看不如镶嵌安装美观，但设计施工的难度相对较小，在安装规范整齐的情况下，远景效果与屋面镶嵌安装相差不大，因此也是一种理想的安装方式。其设计要点如下：

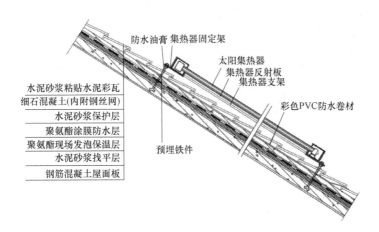

图 4.4-5　坡屋面上太阳能集热器顺坡架空设置示意图

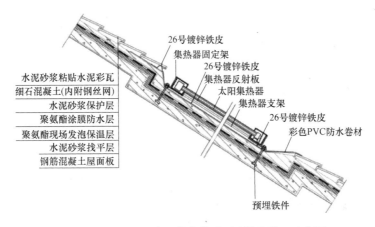

图 4.4-6　坡屋面上太阳能集热器顺坡镶嵌设置示意图

图 4.4-7 太阳能集热器镶嵌屋面安装工程实例

图 4.4-8 太阳能集热器架空坡屋面
安装工程实例

① 建筑设计宜根据太阳能集热器接受阳光的最佳角度来确定坡屋面的坡度，一般原则是：建筑坡屋面的坡度宜相当于太阳能集热器接受阳光的最佳角度，即当地纬度±10°左右。

② 根据优化计算确定的太阳能集热器面积和选定的太阳能集热器类型，确定太阳能集热器阵列的尺寸（长×宽）后，在坡屋面上摆放设计时，应综合考虑立面比例，系统的平面空间布局（有太阳能集热器与贮水箱靠近的要求），施工条件（留有安装操作位置）等因素设计太阳能集热器在坡屋面上的位置。

③ 太阳能集热器与贮水箱相连的管线需穿过坡屋面时，应预埋相应的防水套管，防水套管需做防水处理，并在屋面防水施工前安设完毕。

④ 建筑设计应为太阳能集热器在坡屋面上的安装、维护提供可靠的安全设施。如在坡屋面屋脊上适当位置埋设金属挂钩用来拴牢系在专业安装人员身上的安全带，或者钩牢用做安装人员操作的特制的活动扶梯，为专业人员安装维修、更换坡屋面上的太阳能集热器提供安全便利的条件。

⑤ 设置太阳能集热器的坡屋面要充分考虑太阳能集热器的荷载。

（4）太阳能集热器在外墙表面或阳台栏板上的设置

太阳能集热器设置在外墙表面或阳台栏板上会使建筑有一个新颖的外观，能弥补屋面上（特别是坡屋面）摆放太阳能集热器面积有限的缺陷。因此太阳能集热器设置在建筑外墙表面或阳台栏板上的设计方式也是一种不错的选择（图 4.4-9～图 4.4-11）。其设计要点如下：

① 设置太阳能集热器的外墙或阳台应充分考虑集热器（包括支架）的荷载。

② 设置在墙面上的太阳能集热器应将其支架与墙面上的预埋件牢固连接。轻质填充墙不应作为太阳能集热器的支承结构，需在与太阳能集热器连接部位的砌体结构上增设钢筋混凝土构造柱或钢结构梁柱，将其预埋件安设在增设的构造梁、柱上，确保可牢固支承太阳能集热器。设置在阳台栏板位置的太阳能集热器，其支架应与阳台栏板预埋件牢固连接。

③ 安置太阳能集热器的阳台栏板宜采用实体栏板。特殊设计情况下，构成局部阳台栏板的太阳能集热器应与阳台结构连接牢靠。

④ 低纬度地区设置的太阳能集热器应有一定的倾角，使集热器更有效地接受太阳照射。

⑤ 太阳能集热器与室内贮水箱的连接管道需穿过墙体时，应预埋相应的防水套管，且防水套管不宜在结构梁柱处埋设。

⑥ 应为太阳能集热器的安装、维护提供安全便利的条件。

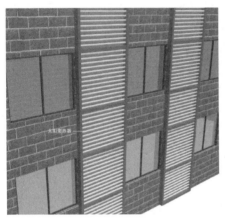
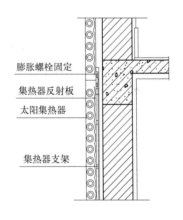

(a) 外墙面上太阳能集热器设置示意图

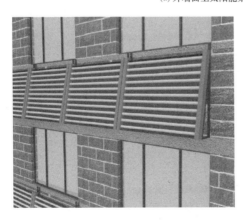
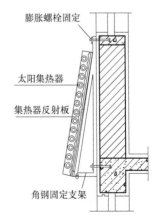

(b) 外墙面上太阳能集热器设置 (带倾角) 示意图

图 4.4-9 太阳能集热器在外墙表面或阳台栏板上的设置（一）

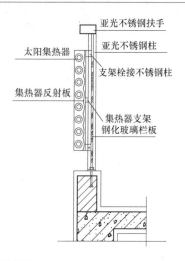

(c) 阳台栏板上太阳能集热器设置示意图

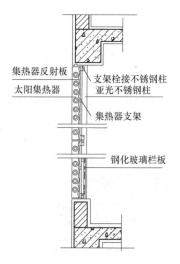

(d) 阳台上太阳能集热器设置示意图

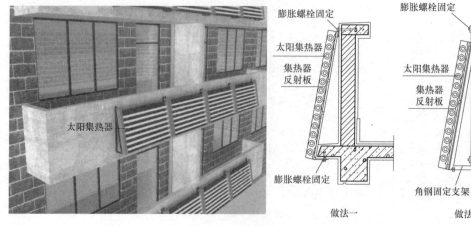

(e) 阳台栏板上太阳能集热器设置(有倾角)示意图

图 4.4-9　太阳能集热器在外墙表面或阳台栏板上的设置（二）

图 4.4-10　太阳能集热器阳台安装工程实例

图 4.4-11　太阳能集热器外墙立面安装工程实例

（5）太阳能集热器在其他建筑构件上安装

除上述位置外，太阳能集热器还可以在建筑女儿墙、廊架及遮阳亭等位置安装。安装技术要求与立面相似，也是采用预埋件连接的做法。改造时，还应考虑设置必要的防护措施，防止集热器破损掉落后造成意外伤害或损失。

4）太阳能与其他能源的互补供热

太阳能资源条件本身随时间、空间变化，而建筑供暖负荷也在一天中随着室内外实时温度、太阳得热而波动，因此为保障持续、稳定的供热，主动式太阳能供暖系统需要匹配合理的蓄热系统和互补能源，并对太阳能集热、蓄热、供热等环节做好协同控制。太阳能与其他能源的互补供热多数采用并联的形式。例如，当太阳能集热温度较低，得热量和贡献率不足，却要投入相当程度的水泵耗电量时，要考虑开启电加热、热泵、锅炉等其他能源，即时补充供热，或者通过智能化的控制方法，使各种能源系统依据设定或自学习的最佳工况，实时调节热源启停及供热量。

对于串联式系统，一般采用太阳能与热泵结合的方式。中国建筑科学研究院有限公司对此开展相关研发工作，例如将水源热泵与太阳能集热系统结合，利用太阳能得热促进蒸发热泵工况，如图 4.4-12（a），当太阳能供热温度不足时通过热泵提高供热品质，可充分利用太阳能低温得热，降低集热系统的工作温度，显著提高太阳能集热效率；同时通过控制策略使水源热泵维持较高的性能系数（COP）。经测算该系统太阳能有用得热量比常规的电辅热系统提升了 54.7%，平均太阳能集热效率由 33.4% 提升至 52.0%。该装置中设备、管路、附件和自动控制系统高度集成，控制软件易于使用者学习、操作。

随着"煤改电""清洁取暖"等工作的大力推行，空气源热泵产品技术水平显著提升，在北方地区村镇中得到快速推广。但在北京延庆、密云等部分山区，实测室外环境温度远低于市内城区 8～10℃，尤其在夜间，最低温度可达 -25℃，此时受环境温度波动影响，空气源热泵的运行效果欠佳。对此中国建筑科学研究院有限公司研制了太阳能/空气能双源热泵互补供热装置，如图 4.4-12（b）。其中双源热泵同时设置水源、空气源蒸发器，水源蒸发器与太阳能集热系统结合，实现太阳能热泵供暖，有效扩大了太阳能热利用温度区间，减小蓄热容积和空气源热泵耗电量，空气源蒸发器用于空气源热泵制热模式。该系统控制策略结合了天气、负荷预测功能，实现了多种热源模式的智能调节。实测太阳能集热效率达 50%，系统总体制热性能系数（COP）达 3.5，相比单一能源系统和采用在冷凝器端结合、并联供热的太阳能/空气源热泵系统的能效水平大幅度提升。

(a) 太阳能/水源热泵互补供热装置 (b) 太阳能/双源热泵互补供热装置

图 4.4-12　太阳能热泵串联式互补供热装置

5）供暖末端装置的匹配

居住建筑常用的供暖末端有热水地板辐射、风机盘管和散热器等形式，总体来说，常规的供暖末端都能与太阳能供暖系统匹配使用。因此，在既有居住建筑改造时可以不必为了利用太阳能而更换原有的末端设备。太阳能集热器的常规供热温度为 50～60℃，随着供热温度的降低，集热器的工作效率会不断提升。因此从提高集热效率的角度考虑，最适宜的末端系统是供水温度 35～45℃ 的热水地板辐射或风机盘管。当既有建筑的供暖末端为散热器，即日常我们所说的暖气片时，由于常规散热器一般应用在集中供暖系统中，供回水温度是按 75/50℃ 甚至更高温度进行设计的，当供暖热源更换成供水温度较低的太阳能时，为保证供暖效果，应该按实际供水温度对散热器的数量进行修正。

参 考 文 献

[1]　杨灵艳，余晓龙，徐伟，等. 近零能耗居住建筑用环境控制一体机研发及性能测试 [J]. 建筑科学，2020 (6).

[2]　郑瑞澄，南映景. 中国被动式太阳能采暖卫生院 [M]. 北京：机械工业出版社，2006.

[3]　郑瑞澄等. 太阳能供热采暖工程应用技术手册 [M]. 北京：中国建筑工业出版社，2012.

[4]　郭占庚. 健康住宅的通风系统 [J]. 中国建筑金属结构，2020，No. 461 (5)：12-15.

[5]　中国机械工业联合会. 低环境温度空气源热泵（冷水）机组　第2部分：户用及类似用途的热泵（冷水）机组：GB/T 25127.2—2020 [S]. 北京：中国标准出版社，2020.

[6]　中国建筑标准设计研究院有限公司. 太阳能集中热水系统选用与安装：15S128 [S]. 北京：中国计划出版社，2015.

5 给 水 排 水

给排水系统在居住建筑中的能耗主要为水泵等加压设备耗电及生活热水制备能耗，大约为建筑能耗的 10％，因此在既有居住建筑的给水排水系统改造中，需要重点关注提升水泵效率和降低热水系统能耗。给水作为一种耗能工质，建筑节水措施在节水的同时也能取得节能的效果。建筑中最主要的节水措施是使用节水器具和设置分级计量水表，但在居住建筑中节水器具通常为业主自主采购，同时建筑的能耗统计中水量通常不显现为明确的能耗数据，因此在这里不加以详述。另外居住建筑中压力排水一般为消防电梯排水、设备机房排水、雨水调蓄池排水等间歇性排水，并且年使用次数少，相应的电耗在建筑能耗中占比很低，相关内容也不赘述。

既有居住建筑在做给水排水系统改造时，其基础改造通常为给水排水管线的更换、设施及器具的补充、各类水表的更新及补充。老旧的给水排水管线更新，除大大降低因管道锈蚀等造成的给水水质二次污染和排水不畅等问题外，还可以降低管道的沿程阻力，减少水泵的运行功耗，从而达到节能的目的。

目前我国绝大部分住宅的热水供应均采用户内热水的分散供应方式，热源为太阳能、电能或燃气。在既有居住建筑的升级改造中，条件允许时也可以采用生活热水集中供应系统，提高居民使用的舒适度。当采用集中热水供应系统时，热源应优先采用工业余热废热、可再生能源、市政热力管网等。

5.1 二次供水系统

二次供水是指当建筑生活饮用水对水压、水量的要求超出城镇公共供水或自建设施供水管网能力时，通过储存、加压等设施经管道供给用户或自用的供水方式。二次供水设施包括储水设施、加压设备、供水管道及附件等。

5.1.1 二次供水系统改造策略选择

既有居住建筑二次供水系统改造时，应根据建筑周边市政供水能力、既有空间及给水现状、管网可改造余地等因素进行综合判断，通过经济技术比较，依次选择单个或多个改造方面。

1）管道系统更换

更换建筑内老旧的供水管道系统，是既有居住建筑二次供水系统低能耗改造的首选措施。通过更换管路及附件，可以降低管道锈蚀污染和水力损失，进而减少二次加压供水功耗。由于几乎不改变原有的二次供水系统形式，因此不涉及空间、结构荷载及电负荷的需求变化，适用于所有情况下的既有居住建筑改造。

管道系统更换改造，除了选用耐腐蚀、抗老化、耐久性强的管材及附件外，最重要的是根据设计秒流量和经济流速，重新核定管道规格。设计秒流量是按管道供水的卫生器具给水量、使用人数、用水规律计算的在高峰用水时段的最大瞬时给水流量。老旧的既有居住建筑在原始设计时多采用管道的最高日最大时流量，前者往往高于后者，且更贴近管道在高峰用水时段的流量状况。经济流速是指在设计供水管道的管径时使供水的总成本（包括建设成本和运行成本）最低的流速。按照现行国家标准《建筑给水排水设计标准》GB 50015 中关于管道设计秒流量和经济流速的要求核算确定管道规格，能够在水力损失导致的供水能耗和管道建设投资之间获得最佳平衡。

2）供水压力分区改造

居住建筑的二次供水系统的压力分区通常指竖向压力分区，即建筑给水系统中在垂直高度分成若干供水区，分别按不同压力供水。竖向压力分区供水分为并联供水和串联供水两种形式。并联供水各竖向给水分区有独立增（减）压系统供水，改造时涉及供水立管增加及加压供水设备增加，确定改造方案前，需要核实既有建筑原有或可改造增加的水管井空间、给水机房空间、给水机房结构荷载及电量负荷等是否满足改造要求。串联供水各竖向给水分区逐级串级增（减）压供水，改造时主要涉及供水立管，确定改造方案前，需要核实既有建筑原有或可改造增加的水管井空间是否满足改造要求，改造门槛低于并联供水，但在降低供水能耗方面不及并联供水，同一加压区域内采用减压的供水分区不应多于一个。

压力分区供水系统的各分区供水压力更接近分区内各用水点实际所需的供水压力，按需供水，避免超压供水。一方面能够使低区充分利用市政压力直接供水，最大限度上降低建筑二次供水系统能耗；另一方面能够避免分区压力值过高，造成分区底部用水点供水压力过大、超压出流、加快用水器具寿命损耗等问题。

3）加压供水方式改造

当既有居住建筑在水管井空间、给水机房空间、给水机房结构荷载及电量负荷等方面的原有条件或可改造余地均有较高潜力时，可对整个建筑二次供水系统的加压方式做全面改造，按照现行国家相关标准要求，采用当前技术水平下的低能耗供水系统，使其最大限度上实现低能耗供水的目标。

5.1.2　供水系统及供水压力要求

1）供水系统选择及压力分区原则

国家标准《建筑给水排水设计标准》GB 50015—2019 中关于建筑内给水系统选择及分区原则的相关规定如下：

3.4.1　建筑物内的给水系统应符合下列规定：

1 应充分利用城镇给水管网的水压直接供水；

2 当城镇给水管网的水压和（或）水量不足时，应根据卫生安全、经济节能的原则选用贮水调节和加压供水方式；

3 当城镇给水管网水压不足，采用叠压供水系统时，应经当地供水行政主管部门及供水部门批准认可；

4 给水系统的分区应根据建筑物用途、层数、使用要求、材料设备性能、维护管理、节约供水、能耗等因素综合确定；

5 不同使用性质或计费的给水系统，应在引入管后分成各自独立的给水管网。

3.4.3 当生活给水系统分区供水时，各分区的静水压力不宜大于 0.45MPa；当设有集中热水系统时，分区静水压力不宜大于 0.55MPa。

3.4.6 建筑高度不超过 100m 的建筑的生活给水系统，宜采用垂直分区并联供水或分区减压的供水方式；建筑高度超过 100m 的建筑，宜采用垂直串联供水方式。

2）供水压力要求

国家标准《建筑给水排水设计标准》GB 50015—2019 中关于建筑内给水系统供水压力的规定如下（表 5.1-1）：

3.2.12 关于居住建筑常用卫生器具工作压力的要求：

居住建筑常用卫生器具工作压力   表 5.1-1

序号	给水配件名称		连接管公称尺寸/mm	工作压力/MPa
1	洗涤盆、拖布盆、盥洗槽	单阀水嘴	15	0.100
		单阀水嘴	20	
		混合水嘴	15	
2	洗脸盆	单阀水嘴	15	0.100
		混合水嘴		
3	洗手盆	单阀水嘴	15	0.100
		混合水嘴		
4	浴盆	单阀水嘴	15	0.100
		混合水嘴（含淋浴转换器）		
5	淋浴器	混合阀	15	0.100～0.200
6	大便器	冲洗水箱浮球阀	15	0.050
		延时自闭式冲洗阀	25	0.100～0.150
7	小便器	手动或自动自闭式冲洗阀	15	0.050
		自动冲洗水箱进水阀		0.020
8	小便槽穿孔冲洗管（每米长）		15～25	0.015
9	净身盆冲洗水嘴		15	0.100
10	家用洗衣机水嘴		15	0.100

注：1 家用燃气热水器，所需水压按产品要求和热水供应系统最不利配水点所需工作压力确定。

2 卫生器具给水配件工作压力有特殊要求时，其值应按产品要求确定。

3.4.2 卫生器具给水配件承受的最大工作压力，不得大于 0.60MPa。

3.4.4　生活给水系统用水点处供水压力不宜大于 0.20MPa，并应满足卫生器具工作压力的要求。

3.4.5　住宅入户管供水压力不应大于 0.35MPa，非住宅类居住建筑入户管供水压力不宜大于 0.35MPa。

5.1.3　加压供水方式

居住建筑二次供水常采用的加压供水方式包括叠压供水、水箱与变频泵联合供水、高位水箱与水泵联合供水。

1）叠压供水

叠压供水，即供水设备直接从有压的市政供水管网中直接吸水叠压的供水方式。与其他供水方式相比，叠压供水具备以下特点：

①　节约能耗。供水设备直接从市政供水管网吸水，在市政供水压力的基础上叠加扬程供水，能够最大限度地利用市政用水压力，从而有效降低供水能耗；水泵扬程低，相对选型较小，可以采用多泵并联供水，随供水流量需求分批启动或轮流启动，最大限度节约运行能耗。

②　建设投入低。无须设置大体积储水设施，水泵选型小，能够极大减小占地面积、土建及设备投资，综合效益高。

③　便于运行管理。供水设备全自动运行，管理方便；相较于水泵与水箱联合供水方式，叠压供水闭式运行，无大容积储水，能够有效避免二次供水过程中的二次污染及水质恶化。

综上所述，当居住建筑周边的市政供水管网符合当地叠压供水设备使用条件、允许水泵直接从供水管网吸水时，宜优先采用叠压供水方式（图 5.1-1）。

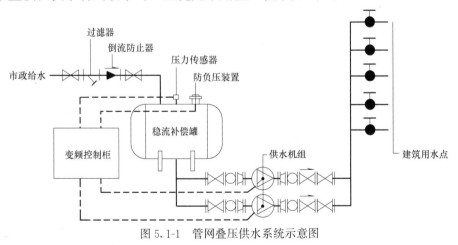

图 5.1-1　管网叠压供水系统示意图

采用叠压供水时，需注意避免发生两类问题：1. 因回流导致的污染市政供水；2. 水泵直接吸水造成的市政供水管网局部水压降低，影响附近用户用水。

这两个问题中，前者可通过设置倒流防止器等防回流装置避免；后者则需要注意在市政供水范围内，生活（生产）给水系统采用管网叠压供水时，应经当地供水行政主管部门及供水部门同意，同时叠压供水设备应具备以下功能：

① 保证供水管网水压不低于设定压力值的控制系统，且不得人为随意关闭。当设备进口处的压力降至限定压力时，设备应自动停止运行或减速运作。

② 防负压装置，当供水干管的供水量小于设备的工作流量时，防负压装置启动；当供水量大于设备的工作流量时，防负压装置自动关闭。

叠压供水设备设计流量按设计秒流量确定，按最大设计扬程选择水泵扬程：

$$H_{max}=0.01H_1+H_2+h_0-P_{0min} \tag{5.1-1}$$

式中：H_{max}——最大设计扬程（MPa）；

H_1——最不利配水点与供水干管中心的标高差（m）；

H_2——最不利配水点至供水干管管道及附近等的总水头损失（MPa）；

h_0——最不利配水点的最低工作压（MPa）；

P_{0min}——供水干管允许的最低工作压力（MPa）。

2）水箱与变频泵联合供水

当居住建筑周边的市政供水管网无法满足当地叠压供水设备使用条件、不允许水泵直接从供水管网吸水时，一般可采用水箱与变频泵联合供水（图 5.1-2），即在二次供水系统中增设储水水箱，室外管网向水箱直接补水，同时采用变频泵从水箱吸水，向建筑内给水系统供水。

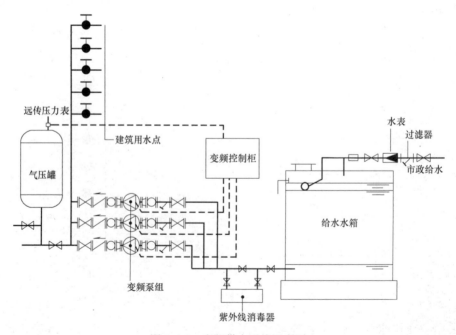

图 5.1-2 变频供水系统示意图

民用建筑二次供水采用的水泵一般为离心泵。离心泵运行的工况点是建立在水泵和管道系统能量供求关系的平衡点上，当供水管网的流量、压力发生变化时，水泵的工况点也随之变化，即水泵的特性曲线。实现水泵供水节能的前提，就是要保证水泵的工况点尽可能始终处于水泵特性曲线的高效段内。

当供水管网内的流量发生较大变化时，对于转速恒定的工频泵，只能通过人工节流调节的方法，消耗掉多余的能量，小范围调节水泵工况点，以避免移出高效段。

根据相似定律，水泵的流量、扬程及功率分别与其转速的 1 次方、2 次方、3 次方成正比，调节水泵转速可以改变水泵的流量、扬程及功率，变频泵可以通过改变转速的方式改变水泵的工况点，使水泵在供水管网流量变化时，仍处于高效段的等效率曲线上，更大地扩展水泵的高效工作范围，最终达到节能的目的。实践证明，使用变频设备可使水泵运行平均转速比工频转速降低 20%，从而大大降低能耗，节能率可达 20%～40%。

变频泵的流量应以二次供水管网的高峰用水量即设计秒流量确定，对于居住建筑个别用水时段的小流量超出变频泵转速可调节范围的情况，水箱与变频泵联合供水可通过配套增设小流量辅泵或者气压给水设备来实现小流量工作模式。设置小流量辅泵时，需要设定每日小流量工作的起止时刻或者压力给定值，在小流量工作模式下，只有小流量辅泵工作，变频器只监测管网压力；当压力低于设定压力时，启动变频泵投入工作，小流量辅泵关闭，小流量工作模式结束；当压力高于设定值时，启动小流量辅泵投入工作，变频泵关闭，系统再次进入小流量工作模式，进而最大限度地节约水泵运行能耗。

变频泵供水有两种基本运行方式：变频泵固定方式和变频泵循环方式。变频泵固定方式即固定一台或数台泵为变频泵，其余泵为工频泵，管网水量变化时，变频泵细调，工频泵启闭大调。变频泵循环方式即所有泵均为变频泵，工作泵与备用泵不固定，可自动定时轮换，有效防止因为备用泵长期不用时发生的锈死现象，提高设备的综合利用率，降低维护费用。

3）高位水箱与水泵联合供水

高位水箱与水泵联合供水是指在二次供水管网内设置高位水箱，由建筑低位水泵向高位水箱加压补水，高位水箱利用重力向各用水点供水。

高位水箱与水泵联合供水的优点是水泵并不直接向用水点供水，而是向具有流量调节能力的高位水箱供水，水泵运行工况不受二次供水管网流量变化影响，运行稳定，始终处于高效区；水泵数量相对较少，节省泵房占地及初投资，运行管理方便。

缺点是高位水箱供水范围内的管网中所有用水均需提升至管网最高点的水箱，增加了能耗；高位水箱调节容积大，且当居住建筑周边的市政供水管网无法满足当地叠压供水设备使用条件、不允许水泵直接从供水管网吸水时，建筑低位水泵与市政供水管网间仍需设置调节水箱，增加占地及荷载。

综上所述，高位水箱与水泵联合供水（图 5.1-3）一般适用于建筑高度较高的高层或超高层居住建筑，高位水箱以屋顶水箱或转输水箱的形式设置，重力直接或减压分区向下方用水点供水，避免底层水泵直接供水所需的高压水泵和高压管线的出现，降低供水的延程能量损耗和故障风险（表 5.1-2）。

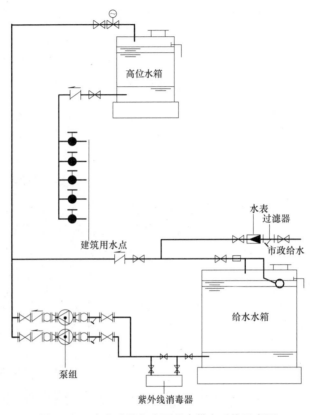

图 5.1-3　高位水箱与水泵联合供水系统示意图

常用加压供水方式对比　　　　　　　　　　　　　　　　　　　　表 5.1-2

供水方式	优点	缺点	适用范围	综合效益	改造要点
叠压供水	占地小、能耗低	对市政供水条件有一定要求、设备初期投资高	市政供水压力及流量充足；给水机房面积较小；结构荷载条件低；电量负荷增加困难	高	供水管理部门审批同意
水箱与变频泵联合供水	初期投资较低、能耗较低	占地大、储水易造成二次污染	加压泵房面积充足；电量负荷有一定增加空间	较高	机房面积及电量条件复核
高位水箱与水泵联合供水	初期投资较低、能耗较低	屋顶机房荷载要求高、储水易造成二次污染	屋顶水箱间面积、结构荷载条件充足	较高	屋顶机房面积及结构条件复核

5.1.4　水泵选用

水泵是居住建筑二次供水系统加压供水的核心设备，也是供水能耗主力，水泵选用是否合理，直接关系到二次供水系统的能耗控制。水泵选用关键在于两点：水泵的配置、水泵的效率。

国家标准《建筑给水排水设计标准》GB 50015—2019 中规定：

3.9.1 生活给水系统加压水泵的选择应符合下列规定：

1 水泵效率应符合现行国家标准《清水离心泵能效限定值及节能评价值》GB 19762 的规定；

2 水泵的 Q-H 特性曲线应是随流量增大，扬程逐渐下降的曲线；

3 应根据管网水力计算进行选泵，水泵应在其高效区内运行；

4 生活加压给水系统的水泵机组应设备用泵，备用泵的供水能力不应小于最大一台运行水泵的供水能力；水泵宜自动切换交替运行；

5 水泵噪声和振动应符合国家现行的有关标准的规定。

1）水泵数量

居住建筑二次供水管网中的用水量通常是按照使用者的生活习惯而随时间不断变化的。水泵的配置不仅要满足高峰流量和最不利点水压的需求，还需要全面考虑其他用水状况下的水量和水压需求，避免非用水高峰期水泵能耗远高于实际管网供水所需能耗情况的发生，而选用多台水泵并联供水比单台水泵更能适应供水管网用水需求的变化，能够有效降低能量的浪费，且多台水泵比单台水泵在连续供水安全保障方面更有利。

水泵的数量应根据主泵高效区的流量范围与设计流量的变化范围之间的比例关系确定；一般情况下，水泵组宜设 2～4 台主泵，并应设一台供水能力不小于最大一台主泵的备用泵，备用泵可以单独设置，也可以不固定，由各主泵轮流互为备用；

2）水泵特性

保证水泵的高效运行，就是要结合居住建筑二次供水管网的流量变化，充分利用水泵的高效段，即随着供水管网的流量波动，水泵的工况点始终处于水泵特性曲线的

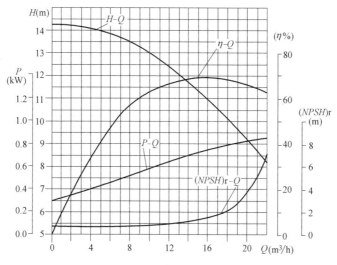

图 5.1-4 水泵特性曲线

高效段内。为实现上述目的，水泵选择时应尽可能选择特性曲线光滑、无驼峰、无拐点，比转数 n_s 在 100～300 范围内的高效率水泵；额定转速时，水泵的工作点宜位于高效段右侧的末端；宜配置适用于小流量工况的水泵，其流量可为 1/3～1/2 单台主泵的流量。

水泵的效率即能效，应满足现行国家标准《清水离心泵能效限定值及节能评价值》GB 19762 中节能评价值的要求。

5.2 热水供应

随着社会经济技术发展和人民生活水平提高，生活热水供应已成为居住建筑必不可少的功能之一。既有居住建筑在生活热水供应方面的改造应遵循"从无到有""从有到优"的原则。

对于原来没有配置集中生活热水供应系统的项目：没有条件新增集中生活热水供应系统时，宜改造增设分散式生活热水供应系统；有条件新增集中生活热水供应系统时，可直接按照现行国家相关标准要求，采用当前技术水平下的低能耗集中热水供应系统，使其最大限度实现低能耗供热水的目标。

对于原来配置有集中生活热水供应系统的项目：供热负荷能够满足现状使用需求时，宜对原有系统的管路、设备及保温进行低能耗优化改造；供热负荷无法满足现状使用需求时，宜在对原有系统进行低能耗优化改造的同时，增设分散式生活热水供应系统作为补充。

此外，既有居住建筑在涉及生活热水热源改造时，应根据当地气候和自然资源条件，经技术经济和环境效益分析比较后，合理选择利用可再生能源。

5.2.1 热水供应方式

1）分散供应

分散供应热水或局部热水供应系统，指单个住户、单个卫生间或单个用水点，就地设置专门的加热设备制备热水并就地供给使用。

国家标准《建筑给水排水设计标准》GB 50015—2019 中 6.3.2 条规定局部热水供应系统的热源宜按下列顺序选择：

1　当日照时数大于 1400h/a 且年太阳辐射量大于 4200MJ/m² 及年极端最低气温不低于—45℃的地区，宜采用太阳能；

2　在夏热冬暖、夏热冬冷地区宜采用空气源热泵；

3　采用燃气、电能作为热源或作为辅助热源；

4　在有蒸汽供给的地方，可采用蒸汽作为热源。

局部热水供应系统的优点是加热设备分散就地设置，系统简单，初投资低，易维护管理，无机房需求，输水管路短，热损失很小，改造增设容易；缺点是加热设备出水量小，水温波动大。适用于热水用水量小、用水频率变化大、用水点分散或者无条件设置集中热水系统的项目。

目前市场上可选择的局部热水供应系统加热设备的产品种类繁多，一般多为直接加热的设备。按热源类型可分为太阳能、空气能、燃气及电能，按加热方式可分为储热式与即热式（图 5.2-1～图 5.2-4）。

图 5.2-1　即热式水龙头

图 5.2-2　即热式厨宝

图 5.2-3　储热式厨宝

图 5.2-4　即热式电热水器

上述水加热设备的性能及设置要求如表 5.2-1 所示：

既有居住建筑改造中应根据项目户内厨房、卫生间平面布置情况、电力及燃气供应条件，确定热水供应设备的选用，当采用电热水器时应选用能效等级高的产品（图 5.2-5）。

图 5.2-5 容积式电热水器

水加热设备的性能及设置要求对比 表 5.2-1

序号	名称	产(储)热水量	功率/kW	备注
1	容积式电热水器	10~100L(储水)	2~2.5	预留 220V/16A 插座
2	容积式厨宝	5~9L(储水)	1~1.5	预留 220V/10A 插座
3	即热式电热水器	同末端淋浴喷头出水量	6~7	预留 40~60A 空气开关供接驳
4	即热式厨宝	同末端水龙头出水量	5	预留不小于 25A 空气开关供接驳
5	即热式水龙头	同水龙头出水量	3~5	预留 25A 空气开关供接驳
6	燃气热水器	12~17L/min	40~70	预留 220V/10A 插座

2）集中供应

集中热水供应系统，指加热设备集中设置，通过热水输水管网供给一幢、数幢建筑或供给多功能单栋建筑的一个或多个功能部门所需热水的系统。

国家标准《建筑给水排水设计标准》GB 50015—2019 中的 6.3.1 条规定集中热水供应系统的热源应通过技术经济比较，并应按下列顺序选择：

1 采用具有稳定、可靠的余热、废热、地热，当以地热为热源时，应按地热水的水温、水质和水压，采取相应的技术措施处理满足使用要求；

2 当日照时数大于 1400h/a 且年太阳辐射量大于 4200MJ/m² 及年极端最低气温不低于-45℃的地区，采用太阳能；

3 在夏热冬暖、夏热冬冷地区采用空气源热泵；

4 在地下水源充沛、水文地质条件适宜，并能保证回灌的地区，采用地下水源热泵；

5 在沿江、沿海、沿湖，地表水源充足、水文地质条件适宜，以及有条件利用城市污水、再生水的地区，采用地表水源热泵；当采用地下水源和地表水源时，应经当地水务、交通航运等部门审批，必要时应进行生态环境、水质卫生方面的评估；

6 采用能保证全年供热的热力管网热水；

7 采用区域性锅炉房或附近的锅炉房供给蒸汽或高温水;

8 采用燃油、燃气热水机组、低谷电蓄热设备制备的热水。

采用集中热水供应系统的优点是加热设备出水温度稳定、设备运维周期及寿命较长,缺点是初投资高、输水管路长、热损失大,需设置循环管道系统保证管网内的水温等,适用于热水用水量大、用水频繁、用水点相对集中且对水温稳定要求较高的项目。

既有居住建筑增设集中生活热水系统或者扩容升级原有集中生活热水系统时,除需考虑热源问题外,还应复核热水系统冷水补水能力、机房改造及电负荷增容可行性等因素,如上述问题难以解决,宜采用分散式热水供应系统。

小区集中热水供应应根据建筑物的分布情况等采用小区共用系统、多栋建筑共用系统或每幢建筑单设系统,共用系统水加热站室的服务半径不应大于500m。

当普通住宅、宿舍、普通旅馆、招待所等组成的小区或单栋建筑设集中热水供应时,宜采用定时集中热水供应系统。

小区集中热水供应系统应设热水回水总管和总循环水泵保证供水总管的热水循环,单栋建筑的集中热水供应系统应设热水回水管和循环水泵保证干管和立管中的热水循环。

采用干管和立管循环的集中热水供应系统不循环的热水供水支管,长度不宜超过8m,当不能满足时建筑支管应设自调控电伴热保温。不设分户水表的支管应设支管循环系统。

3)管道系统

居住建筑设置热水供应设施,是提高生活水平的重要措施,也是居住者的普遍要求。采用集中热水供应系统,应保证配水点的最低水温,一方面能够保证居住者打开用水点时,能够在短时间内直接获得满足使用温度要求的热水,避免过多"无效冷水"的排放,提高热水供水系统的供热效率;另一方面,严格控制配水点的最低水温能够有效避免军团菌滋生。

国家标准《住宅建筑规范》GB 50368—2005 的强制性条文 8.2.5 条、《城镇给水排水技术规范》GB 50788—2012 的强制性条文 3.7.3 条、《建筑给水排水设计标准》GB 50015—2019 的第 6.2.6 条,均对建筑热水系统的配水点水温提出了不应低于45℃的要求。行业标准《生活热水水质标准》CJ/T 521—2018 中也规定热水温度不小于 46℃。国家标准《民用建筑节水设计标准》GB 50555—2010 中规定,热水配水点出水温度不低于 45℃的时间为:住宅 15s,即允许不设置循环的支管长度约为 10~12m。热水温度控制在 55~60℃之间,能够有效抑制军团菌等致病菌的滋生。

集中热水供应系统水温控制可以通过循环供水及管道电伴热实现。

循环供水即设置热水回水管道及循环装置,保证热水在系统中循环,使系统中因

135

长时间未使用而降温的水回到加热器中重新加热,以此保证系统管道及储水设备中的水温。集中热水供应系统的循环系统分为干管循环、立管循环及支管循环三种形式。其中干管循环指仅对热水供水干管设置循环,立管和支管仍存在水温降低的问题;立管循环指对热水供水立管设置循环,循环加热效果好于干管循环,但不如支管循环;支管循环指对热水供水支管均设置循环,实现热水供水管网全循环,保证管网最末端的热水水温。在实际工程中,真正实现支管循环有一定难度,涉及计量问题及循环管的连接问题,而解决支管热水温度控制问题的另一措施就是对难以或无法设置管道循环的较长支管管道设置电伴热(图 5.2-6~图 5.2-8)。

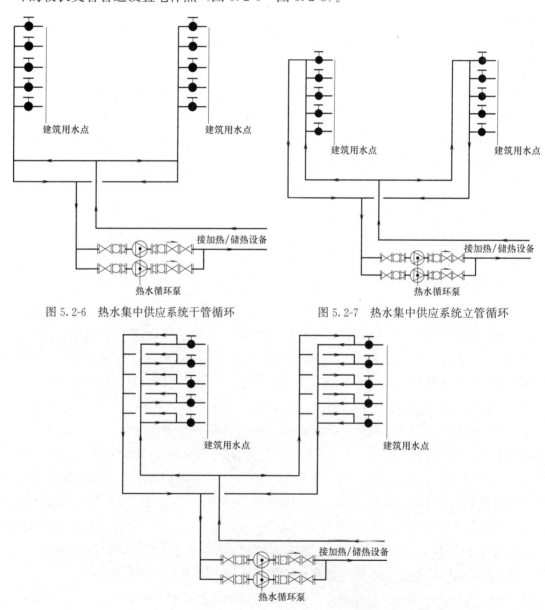

图 5.2-6 热水集中供应系统干管循环 　　　　　 图 5.2-7 热水集中供应系统立管循环

图 5.2-8 热水集中供应系统支管循环

集中热水供应系统的管道系统布置还应遵循同程原则，有效保证热水循环系统的循环效果，保证热水使用效果，确保配水点热水水压和水温的稳定、可靠，消除水质安全隐患，最大限度实现节水和节能效果。

对于建筑室内的集中热水循环系统，一般通过供水管道同程布置实现上述要求，即每个配水点的供水和回水管道的总长相等或近似相等，使循环水流经各回水管道的阻力近似相等，即循环管道阻力平衡，供、回水干管的管径宜不变径或少变径（图 5.2-9）。

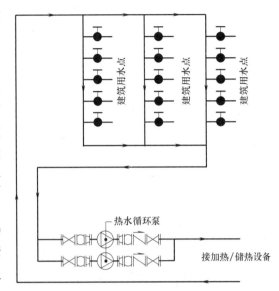

图 5.2-9　单栋建筑室内热水集中
供应系统同程布置循环系统

对于多栋建筑或居住小区的集中热水循环系统，宜尽可能实现供回水干管同程布置，或根据建筑物的布置、各单体建筑内热水循环管道布置的差异等因素，在单栋建筑的回水干管末端设分循环水泵温度控制或流量控制的循环阀件，以保证其循环效果的实现（图 5.2-10、图 5.2-11）。

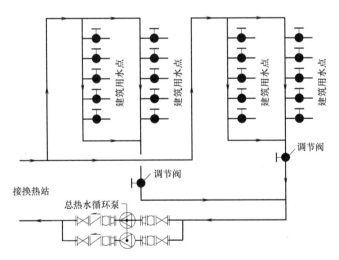

图 5.2-10　居住小区热水集中供应系统同程布置循环系统

5.2.2　设备及管道系统保温

1）热水供应系统热损失

集中热水供应系统加热设备集中设置，通过热水输水管网向建筑内各用水点供给热水，由于热水与外界环境的温度差，热水在加/储热设备及输送管道中，总是通过

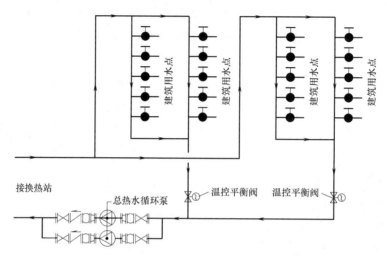

图 5.2-11 居住小区热水集中供应系统异程布置循环系统

设备外壳或管道壁向外传导热量，导致产生热损失，浪费能量。

热水系统的热损失主要与两个因素相关：热水与外界环境之间的温差、热阻。前者与热损失成正比，在热水供水温度和环境温度相对固定的情况下，较难改变；后者与热损失成反比，因此可以通过设置保温层来增加热阻，进而减少热损失，节约能源。

国家标准《建筑给水排水设计标准》GB 50015—2019 中 6.8.14 条规定：热水锅炉、燃油（气）热水机组、水加热设备、贮热水罐、分（集）水器、热水输（配）水、循环回水干（立）管应做保温，保温层的厚度应经计算确定。

2) 设备与管道保温

（1）保温材料

热水供应系统设备与管道设置保温层降低热损失量时，保温材料的选取应满足下列要求：

保温材料应选择能提供适用温度、导热系数、机械强度、燃烧性能、防潮及腐蚀性能检测证明的产品。实际选用时，应尽量选用重量轻、导热系数低、性能稳定、有一定机械强度、燃烧性能等级高、腐蚀性低、易施工的产品。

当保温的设备与管道表面材质为奥氏体不锈钢和铜管时，保温材料应选择能提供不会产生腐蚀作用的测试证明的产品。

保温材料耐火性能应不低于难燃类 B1 级，塑料管保温材料不应采用硬质保温材料（表 5.2-2）。

（2）保温层厚度

国家标准《设备及管道绝热技术通则》GB/T 4272—2008 中要求：为减少保温结构热损失的保温层厚度应按"经济厚度"的方法计算，并且其散热损失不得超过运行工况允许最大散热损失值。

保温材料性能表（国标图集 16S401 管道和设备保温、防结露及电伴热）　表 5.2-2

材料名称		使用密度 /(kg/m³)	适用温度 范围/℃	燃烧性 能等级	导热系数 λ 参考方程/[W/(m·℃)]	适用对 象材质
柔性泡沫橡塑制品		40～60	−35～85	B1	$\lambda=0.036+0.0001t_m$	金属、塑料
硬质聚氨酯 泡沫塑料制品		45～55	−65～80	B1	$\lambda=0.020+0.000122t_m$	金属
岩棉制品	毡	60～100	≤400	A	$\lambda=0.0337+0.000151t_m$	金属、塑料
	板	60～100	≤400		$\lambda=0.0337+0.000128t_m$	
	管壳	60～150	≤400		$\lambda=0.0314+0.000174t_m$	
玻璃棉制品		24～120	≤300	A	$\lambda=0.0351+0.00017t_m$	
硅酸钙制品		170	≤550	A	$\lambda=0.0479+0.00010185t_m+9.65015\times10^{-11}t_m^3$	金属
		220	≤550		$\lambda=0.0564+0.00007786t_m+7.8571\times10^{-8}t_m^2$	
硅酸铝棉制品		≤220	≤800	A	$\lambda=0.030+0.0002t_m$	
复合硅酸 盐制品	涂料	180～200(干态)	≤500	A	$\lambda=0.0531+0.00017t_m$	
	毡	60～130	≤450		$\lambda=0.0335+0.00015t_m$	
矿渣棉 制品	毡、板	80～100	≤300	A	$\lambda=0.0337+0.000151t_m$	金属、 塑料
		101～130	≤350		$\lambda=0.0337+0.000128t_m$	
	管壳	≥100	≤300		$\lambda=0.0314+0.000174t_m$	
硅酸镁 纤维毯		100±10 130±10	≤700	A	$\lambda=0.0397-2.741\times10^{-6}t_m+4.526\times10^{-7}t_m^2$	
泡沫玻 璃制品		Ⅰ类 120±8	−196～400	A	$\lambda=0.041+0.00015t_m$	
		Ⅱ类 160±10	−196～400	A	$\lambda=0.060+0.000155t_m$	

注：1. t_m 为保温层内外表面温度的算术平均值。

2. 表中岩棉制品和矿渣棉制品的导热系数参考方程均为 −20℃≤t_m≤100℃ 条件下。

3. 使用密度：指某种材料有多种密度，本条数值为可选用密度。

管道与圆筒设备外径大于 1000mm 时，按平面计算保温层厚度；其他情况下，按圆筒面计算保温层厚度。

平面保温层经济厚度计算公式：

$$\delta=1.897\times10^{-3}\sqrt{\frac{f_n\cdot\lambda\cdot\tau(T-T_a)}{P_i\cdot S}}-\frac{\lambda}{\alpha} \qquad (5.2\text{-}1)$$

圆筒面保温层经济厚度计算公式：

$$\delta=\frac{D_o-D_i}{2} \qquad (5.2\text{-}2)$$

式中：D_o——保温层外径，m；

D_i——保温层内径，m；

δ——保温层厚度，m。

$$D_o\ln\frac{D_o}{D_i}=3.795\times10^{-3}\sqrt{\frac{f_n\cdot\lambda\cdot\tau(T-T_a)}{P_i\cdot S}}-\frac{2\lambda}{\alpha} \qquad (5.2\text{-}3)$$

式中：

f_n——热价，按项目所在地区、部门确定，元/GJ；

λ——保温材料热导率或导热系数，W/(m·℃)，一般由制造厂家提供；

τ——年运行时间，h，常年运行一般按 8000h 计；

T——设备和管道外表面温度，℃，无内衬的金属设备和管道的表面温度取热水正常运行温度，有内衬的金属设备和管道的表面温度应进行传热计算确定外表面温度；

T_a——环境温度，℃，设置在室外的设备和管道取历年年平均温度的平均值，设置在室内的设备和管道取 20℃；

P_i——保温结构单位造价，包括主材费、包装费、运输费、耗损、安装及辅材费、保护层费用等，元/m³；

S——保温工程投资贷款年分摊率，按复利计息；

$$S = \frac{i(1+i)^n}{(1+i)^n - 1} \times 100\% \tag{5.2-4}$$

式中：

i——年利率（复利率）；

n——计息年数，一般取 10 年；

α——保温层外表面与大气的换热系数，W/(m²·℃)，一般取 11.63W/(m²·℃)。

平面保温层表面散热损失计算公式：

$$q = \frac{T - T_a}{R_i + R_s} = \frac{T - T_a}{\dfrac{\delta}{\lambda} + \dfrac{1}{\alpha}} \tag{5.2-5}$$

圆筒面保温层表面散热损失计算公式：

$$q = \frac{T - T_a}{R_i + R_s} = \frac{2\pi(T - T_a)}{\dfrac{1}{\lambda}\ln\dfrac{D_o}{D_i} + \dfrac{2}{\alpha \cdot D_o}} \tag{5.2-6}$$

式中：

q——单位表面散热损失，平面：W/m²，圆筒面：W/m；

R_i——保温层热阻，平面：(m²·℃)/W，圆筒面：(m·℃)/W；

R_s——保温层表面热阻，平面：(m²·℃)/W，圆筒面：(m·℃)/W。

热价低廉，保温材料产品或施工费用较高，根据公式计算得出的经济厚度偏小，以至散热损失超过运行工况允许最大散热损失值时，应按表 5.2-3 内最大允许散热损失的 80%～90% 计算其保温层厚度。

常年运行工况允许最大散热损失值（《设备及管道绝热技术通则》GB/T 4272—2008）

表 5.2-3

设备、管道外表面温度/℃	50	55	60	70	75	100
允许最大散热损失/（W/m²）	52	54.9	57.3	64.8	68	84

注：表中 55℃、60℃、70℃、75℃允许最大散热损失值为内插法计算确定。

热价偏高，保温材料制品或施工费用低廉，根据公式计算得出的经济厚度偏大，可综合考虑管道敷设间距、占地面积、支撑结构等因素，酌情小于经济厚度。

（3）防腐

无论采用何种保温材料，在保温层施工前，均应对保温对象（设备及管道）表面进行防腐处理，清除表面灰尘、污垢、锈斑、焊渣等物，刷防锈漆。

（4）防潮层

设置在地沟和潮湿场合的设备及管道做保温时，还应在保温层外设置防潮层，防潮层应密封不透气。防潮层可单独设置，也可采用保温材料厂家提供的带有防潮层的保温材料成品；采用泡沫橡塑保温层时，可不设防潮层（表5.2-4）。

防潮层材料应满足的要求包括：水蒸气渗透阻高，吸水率不大于1%；在使用环境温度下不得软化，不得脆裂；防水，防潮，抗腐蚀且化学稳定性好；不对保护层和保温层产生腐蚀和溶解作用。防潮层材料燃烧性应与保温层相匹配。

常用防潮层性能表（国标图集 16S401 管道和设备保温、防结露及电伴热） 表 5.2-4

序号	防潮层名称	适用保温材料	适用场合
1	不燃性玻璃布组合铝箔	软质、半硬质	干燥区
2	难燃性夹筋双层铝箔		
3	阻燃性夹筋单层铝箔		
4	阻燃性塑料布	硬质、闭孔型	
5	聚氨酯防水卷材	软质、半硬质、硬质	潮湿区、地沟
6	聚氯乙烯防水卷材		
7	三元乙丙橡胶防水卷材	软质、半硬质	

（5）保护层

对于有防碰撞损坏或美观要求的场所，保温层或防潮层外表面还应设置保护层，能够增加保温的强度和美观度。对于耐火性能为不燃性（A级）或难燃性（B1级），且难以损坏的防潮层，表面可不设置保护层；但除泡沫橡塑以外的其他没有覆盖表面的保温层，均应设置保护层。

保护层材料应满足的要求包括：强度高，在使用环境温度下不得软化，不得脆裂，抗老化；防水，防潮，抗腐蚀且化学稳定性好；不对防潮层和保温层产生腐蚀和溶解作用。保护层材料应采用不燃性（A级）或难燃性（B1级）的材料（表5.2-5，图5.2-12～图5.2-14）。

常用保护层性能表（国标图集 16S401 管道和设备保温、防结露及电伴热）　表 5.2-5

序号	保护层名称	燃烧等级	厚度/mm		
			管道保温层外径＜760	管道保温层外径≥760	设备、平壁
1	不锈钢薄板	A	0.3～0.35	0.4～0.5	0.4～0.6
2	铝合金薄板	A	0.4～0.6	0.8	0.6～1.0
3	镀锌薄钢板	A	0.3～0.5	0.5～0.7	0.5～0.7
4	玻璃钢薄板	B1	0.4～0.5	0.5～0.6	0.8～1.0
5	玻璃布＋防火漆	A	0.1～0.2	0.1～0.2	0.1～0.2

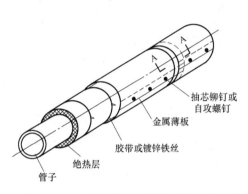

图 5.2-12　金属薄板保护层管道保温结构图

（国标图集 16S401 管道和设备保温、防结露及电伴热）

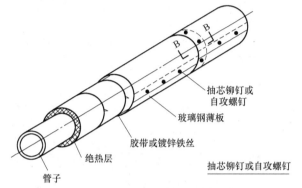

图 5.2-13　玻璃钢薄板保护层管道保温

结构图（适用于室内架空管道）

（国标图集 16S401 管道和设备保温、防结露及电伴热）

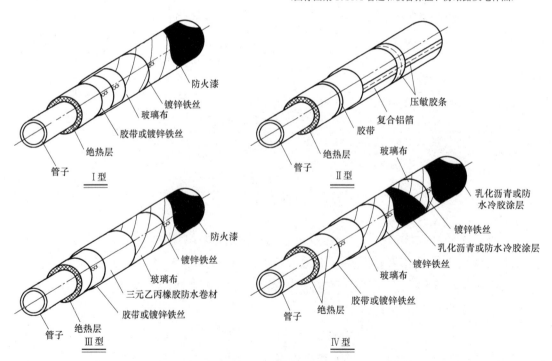

图 5.2-14　复合包扎涂抹保护层管道保温结构图

（Ⅰ、Ⅱ型适用于室内架空管道；Ⅲ、Ⅳ型适用于地沟及潮湿环境）

（国标图集 16S401 管道和设备保温、防结露及电伴热）

5.3 太阳能热水

既有居住建筑改造时，应根据当地气候和自然资源条件，经技术经济和环境效益分析比较后，合理选择利用可再生能源。建筑给水排水中应用最普遍、技术最成熟的可再生能源利用方式即为太阳能热水系统。行业标准《严寒和寒冷地区居住建筑节能设计标准》JGJ 26—2018 第 6.2.11 条规定："当无条件采用工业余热、废热作为生活热水的热源时，住宅应根据当地太阳能资源设置太阳能热水系统。"对于兼顾太阳能供暖和热水功能的系统，对主动式太阳供暖、太阳能集热器分类及其应用方式的技术内容详见 4.4.2 节，本节侧重介绍的是太阳能热水系统。

5.3.1 太阳能热水系统分类

太阳能热水系统由太阳能集热系统和热水供应系统构成，包括太阳能集热器、贮水箱、常规辅助能源设备、循环管道、支架、控制系统、热交换器和水泵等设备和附件。根据不同的分类方式，太阳能热水系统主要可分为以下几种类型：

1）按太阳能集热与供热水方式分类

集中集热-集中供热水系统采用集中的太阳能集热器和集中的贮水箱供给一幢或几幢建筑物所需热水；集中集热-分散供热水系统采用集中的太阳能集热器和分散的贮水箱供给一幢建筑物所需热水；分散集热-分散供热水系统是采用分散的太阳能集热器和分散的贮水箱供给各个用户所需热水的小型系统。

2）按生活热水与太阳能集热系统内传热工质的关系分类

直接系统（也称单回路或单循环系统）是指在太阳集热器中直接加热水供给用户的系统。间接系统（也称双回路或双循环系统）是指在太阳集热器中加热某种传热工质，再使该传热工质通过热交换器加热水供给用户的系统。

3）按太阳能与其他能源的互补加热方式分类

对于居住建筑来说，太阳能热水系统的使用高频时刻常出现在晚上或早晨，而太阳能集热器或热水器在白天集热能力较好，因此一般匹配其他能源进行互补供热。按照辅助供热的安装位置与方式，将辅助能源加热设备集中安装在贮热水箱附近的系统称为集中辅助加热系统；将辅助能源加热设备分散安装在供热水系统中的系统称为分散辅助加热系统，居住建筑通常是分散安装在用户的贮水箱附近。

按照辅助能源的类型，可以选用电直热、热泵、锅炉（以燃气、电、生物质等为锅炉热源）等多种形式。其中，随着我国热泵技术的发展和煤改电等工作的推行，以及德国被动房等高水平建筑在国内的推广，以提供热水为主要功能的空气源热泵热水器越来越多，并逐渐适用于各种低温工况，此类机组是采用电动机驱动，采用蒸气压缩制冷循环，以空气为热源，并能在不低于 $-25℃$ 的环境温度里制取热水的热泵热水机（图 5.3-1）。随着应用场景的丰富，从户用机组、单元式机组到中大型机组都有成熟的产品，太阳能与空气源热泵热水器的互补加热一般采用并行的方式。同理，与4.4.2 节描述的多能互补供暖系统的技术原理类似，也可以采用太阳能与热泵串联供热的方式，向水箱集蓄热水，国外的 SolarKing 等公司曾研制并推广过此类串联式太阳能热泵热水器，用于给独栋式住宅及其配套泳池供热，该系统相对一般太阳能热水系统原理较为复杂，一般需要依据客户需求进行定制。

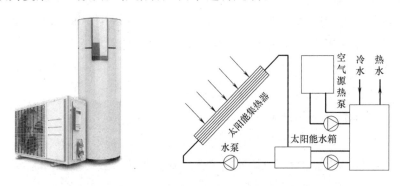

图 5.3-1　空气源热泵热水器及在太阳能热水系统中的应用

4）按太阳能集热系统的运行方式分类

自然循环系统是太阳能集热系统仅利用传热工质内部的温度梯度产生的密度差进行循环的太阳能热水系统，也可称为热虹吸系统。有自然循环系统和自然循环定温放水系统两种类型（图 5.3-2）。

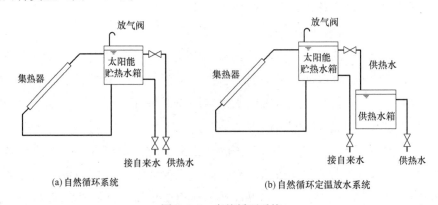

图 5.3-2　自然循环系统

强制循环系统是利用水泵等机械设备提供外部动力来迫使传热工质通过集热器（或换热器）循环的太阳能热水系统。强制循环系统运行可采用温差控制、光电控制及定时器控制等方式。强制循环系统也可称为机械循环系统（图 5.3-3）。

直流式系统是传热工质（水）一次流过集热器加热后，进入贮水箱或用热水处的非循环太阳能热水系统，也可称为定温放水系统。该系统一般采用变流量定温放水的控制方式，当集热系统出水温度达到设定温度时，电磁阀打开，集热系统中的热水流

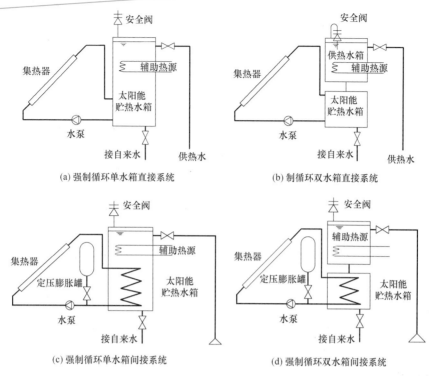

图 5.3-3　强制循环系统

入热水贮水箱中；当集热系统出水温度低于设定温度时，电磁阀关闭，补充的冷水停留在集热系统中吸收太阳能被加热（图 5.3-4）。

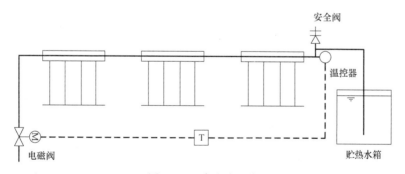

图 5.3-4　直流式系统

5.3.2　选型与优化原则

实际上，太阳能热水系统由上述不同分类组合而成，例如，自然循环直接系统，强制循环间接系统等，需根据系统的自身特点进行优化组合。目前在太阳能热水实际工程中应用最多的是集中集热-集中供热水系统、集中集热-分散供热水系统和分散集热-分散供热水系统，其系统示意图见图 5.3-5～图 5.3-8。

既有居住建筑低能耗改造过程中，太阳能热水系统的设计选型应遵循节水节能、经济实用、安全可靠、维护简便、美观协调、便于计量的原则，根据使用要求、耗热

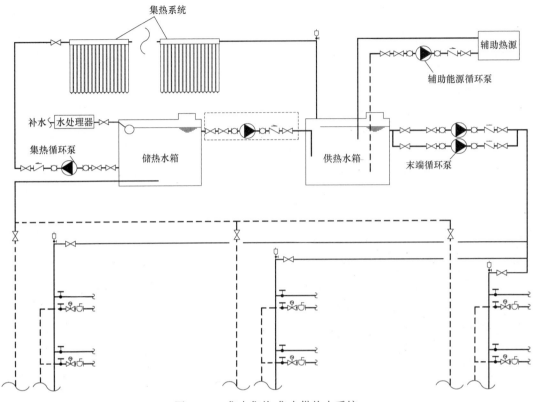

图 5.3-5　集中集热-集中供热水系统

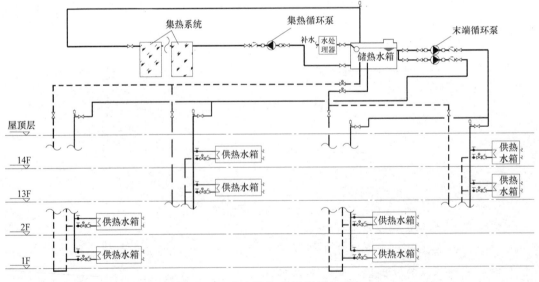

图 5.3-6　集中集热-分散供热水系统

量及用水点分布情况，结合建筑形式、其他可用常规能源种类和热水需求量等条件，根据工程实际情况进行选择，可遵循如下选型原则：

（1）普通住宅建筑宜采用分散集热-分散供热太阳能热水系统，当管路安装布置

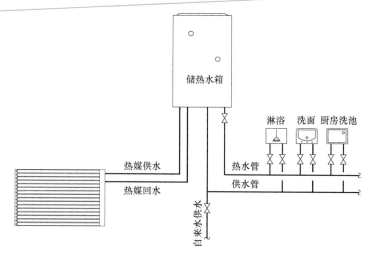

图 5.3-7　分散集热-分散供热自然循环供热水系统

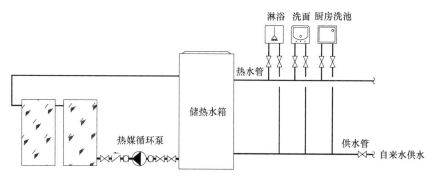

图 5.3-8　分散集热-分散供热强制循环供热水系统

条件适宜时，可按每单元设置集中集热-分散供热太阳能热水系统。

（2）集热系统宜按分栋建筑或每建筑单元设置；当需要合建系统时，宜控制太阳能集热器阵列总出口至贮热水箱的距离不大于 300m。

（3）应根据太阳能集热器类型及其承压能力、集热器布置方式、运行管理条件等因素，采用闭式或开式太阳能集热系统。

为使太阳能热水系统达到预期效益，满足安全可靠、性能稳定、节能高效、经济适用的技术要求，应首先做到系统的优化设计，符合如下设计原则：

（1）热水供应特点：太阳能热水系统是由太阳能和辅助能源共同负担用户所需的全部热水负荷。

（2）太阳能部分的热水负荷：太阳能集热系统承担用户所需的日平均用热水量，应按现行国家标准《建筑给水排水设计规范》GB 50015 给出的平均日用水定额推荐范围，根据用户特点合理取值，用于计算日平均用热水量。

（3）辅助能源部分的热水负荷：常规辅助能源设备承担系统的设计小时耗热量，按现行国家标准《建筑给水排水设计规范》GB 50015 中给出的最高日用水定额推荐范围，根据用户特点合理取值，用于计算设计小时耗热量。

（4）太阳能热水器或集热器产品选型：按照系统特点，选择符合承压能力需求、安全性能优良、高效的太阳能热水器或集热器；必须以第三方权威质检机构给出的产品性能检测报告为依据。

（5）太阳能集热器面积计算确定：应按不同太阳能资源区对应的太阳能保证率推荐范围，预期投资规模等，选取适宜的太阳能保证率，根据日平均用热水量、集热器产品的效率方程/曲线，计算太阳能集热器面积。

（6）贮热水箱容量计算确定：按单位集热器总面积对应的日产热水量推荐值，根据集热器面积计算确定贮热水箱容量。

（7）辅助能源设备选型：根据系统的设计小时耗热量，计算确定辅助能源设备的容量。

（8）安全措施设计：太阳能集热系统应采用可靠的防冻、防过热、防雷、防电击、抗风等安全技术措施。

（9）自动控制设计：应充分体现优先使用太阳能的原则，准确完成对太阳能集热系统和辅助能源设备的功能切换。

（10）保温设计：强化太阳能集热系统和供热水系统管网的保温措施，降低管网热损失。

对于既有建筑已经安装有太阳能热水系统或太阳能供暖系统的情况，应首先确定改造目的。例如在现有的太阳能热水系统上加装太阳能供暖系统，则一般需要更大的太阳能供暖面积，并匹配比原先水箱更大蓄热能力的蓄热系统，此时应该以太阳能保证率、集热效率等为目标，对太阳能集热系统进行选型和配置，一般以供暖季室外平均温度下的建筑供暖热负荷为太阳能集热系统的设计负荷，不宜再额外叠加热水负荷，并尽可能使加装的太阳能集热器在样式、外观上保持统一协调。当在现有的太阳能供暖系统上加装太阳能热水系统时，热水负荷一般低于供暖负荷，因此原有的太阳能集热面积足够大，此时特别要注意的是做好水质处理，必须保证卫生要求，可以采用将原有的直接式系统改为间接式系统等方法，同时在非供暖季无供暖负荷时，需采用减少太阳能集热器串并联使用支路等方式，做好防过热处理，但不应影响热水系统的供热能力。

5.3.3 太阳能热水与建筑一体化

应用太阳能热水系统的建筑，太阳能集热器的设置为建筑的外观增加了一项带有科技内容的因素，技术要求更加严格，如对倾角的要求，接迎太阳照射的方向要求等，太阳能集热器的设置不仅影响系统的运行，还直接影响到建筑的外观，这无疑是对建筑设计提出的挑战。因此，处理好建筑外观与太阳能集热器的关系尤为重要。建筑设计需将太阳能集热器作为建筑的重要组成元素，将其有机地结合到建筑的整体形象中，既不能破坏建筑的整体形象与风格，又要精心设计，使太阳能集热器这项科技元素的加入为建筑风貌增添光彩，创造出与太阳能热利用系统一体化设计的新型建筑形式。

较为常见的方式是将太阳能集热器设置在建筑的屋面（平、坡）上，建筑的外墙面上、阳台上，女儿墙、建筑披檐上，或者用在建筑遮阳板的位置，以及庭院花架、建筑物屋顶飘板等能充分接受阳光、建筑又允许的位置。各种设置方式的技术要点可参考 4.4.2 节太阳能供暖系统中的"太阳能集热系统的安装"部分。图 5.3-9～图 5.3-11 为屋面、外墙、阳台等位置设置太阳能集热器的工程实例图片。

图 5.3-9　太阳能集热器在坡屋面
上顺坡架空设置工程实例

图 5.3-10　太阳能集热器在坡屋面
上顺坡镶嵌设置工程实例

图 5.3-11　太阳能集热器在外墙表面或阳台栏板上的设置工程实例

5.3.4　技术要点

多数既有住宅建筑加装太阳能热水系统，都是作为后期的添置设备零散安装，既不同时也不同步，呈现无序状态。热水器的设置位置及系统管线布置难以与建筑原有空间布局协调，不仅对建筑的构件造成一定程度的损害，还会对建筑的外观形象产生相当大的影响。

1）既有建筑安装太阳能热水系统应考虑的关键问题

（1）太阳能热水系统的管线挤占卫生间通气管（孔）空间

目前住宅楼没有预留太阳能热水器连接管线的穿楼板孔洞，几乎所有住宅楼的太阳能热水器连接管都挤占卫生间通气管空间进入室内，安装时不仅损坏通气管和墙体，还造成各层卫生间通气失效，并且通气管管径有限，只能穿过几户水管，满足不了所有用户的需要。

（2）太阳能热水器固定不牢固

因为楼顶没有可固定构件，太阳能热水器的安装几乎处于浮置状态，缺少稳定性和牢固性。某些地区的季节性大风极易掀翻楼顶上的太阳能热水器，同时安装时极易破坏楼顶防水层。

（3）太阳能热水器在楼顶上排放混乱

用户个人安装的随意性导致楼顶上太阳能热水器排放混乱，既不安全又影响城市景观，同时还占用较大的楼顶面积。

（4）坡屋顶安装太阳能热水器困难太大

为了解决漏雨问题，美化城市空间，各地都要求新建住宅一律采用坡屋顶。坡屋顶难以固定太阳能热水器，安装困难太大，因此很多居民无法使用。随着人们生活质量要求的提高，越来越多的住户要求安装太阳能热水系统。因此，提出切实可行的方案使热水设备更好地与建筑结合，是亟待解决的问题。

2）既有建筑安装太阳能热水系统应考虑的技术要点

（1）既有建筑的结构类型

如果将太阳能集热器安装在外墙上，必须考虑集热器自重和风荷载的作用。真空管集热器的重量约为 $15\sim20\mathrm{kg/m^2}$，平板集热器的重量约为 $20\sim25\mathrm{kg/m^2}$。

（2）屋面形式

如果将热水器安装在既有建筑的平屋面上，一般采用陈列式布置，要做到整齐有序、规格统一。考虑到结构安全，尤其是批量安装时，可在屋面附加钢横梁，再把太阳能热水设备的支架固定在横梁上，以分散应力，避免过大的集中荷载。

在安装中，如果直接将集热器布置在屋面上，将占据住户活动的空间并影响屋面的使用。而将集热器安装在屋面上的架空钢架上，则不影响原楼面的利用（绿化、晒被褥、休闲等），甚至可以起到美化和遮阳的作用。架空安装在一定程度上能增加集热面积，其遮阳效果还能降低顶层房间的空调能耗，但必须考虑安全性能以及维修的方便。

既有坡屋顶住宅安装太阳能热水设备，可以利用屋面的坡度，把集热器设置在屋面上。与平屋面相比，在坡屋面上安置热水设备，施工和日后维护都比较困难。施工中要采取一定的加固措施，还应注意尽可能结合建筑的原有屋面坡度，留下上人设施。此外，还应考虑屋面的承载能力，对住宅原施工图进行重新校核和计算。坡屋顶安装太阳能热水设备，对外观影响很大，所以应该选用规格统一、颜色与建筑协调的热水器构件。

（3）平改坡工程与太阳能热水系统相结合

出于美化城市、节约能源、提高住户热舒适度等方面的考虑，很多城市正在进行大规模的平改坡工程，为在改造中充分利用太阳能热水设备提供了机会。太阳能集热器可以与新添加的坡屋面相结合，储水箱、管线等隐蔽安装在坡屋面里，既充分利用空间，又可以保护设备，有利于太阳能装置的保温。在原来没有采取保温隔热措施的平屋顶上安装热水设备时，可先对屋顶进行保温隔热的改造设计，然后架设管道。在屋面基座上安装太阳能集热器时，应按照设计要求保证基座的强度，基座与建筑主体结构应牢固连接，并应按照现行国家标准《屋面工程质量验收规范》GB 50207 的规定做好防水处理。屋面结构层的预埋件应在结构层改造施工时同时埋入，位置应准确，预埋件应做防腐处理，在系统安装前应妥善保护。

（4）建筑的平面布局和房间尺寸

既有建筑的用水空间（厨房、卫生间）面积较小，应根据用水空间的面积尺寸确定水箱容积和集热器的面积以及各自最适宜的安装位置，以安装后不影响厨房、卫生间或阳台的使用为原则。选用合适的热水供应系统，确保管线最短，方便入户，避免管线明装入户影响室内空间的使用。集热器如果安装在窗间墙的位置，其尺寸必须与窗间墙的尺寸相配合。

（5）建筑的外观

在南向墙面、阳台上安装集热器，优点是安装维护方便。但是如果用水空间离南向阳台较远，管道会穿越整个居室，影响空间的使用。另外，集热器的面积大小也会受到阳台尺寸的限制。对于未安装遮阳设施的既有建筑，可将集热器与附加的建筑遮阳结合，在集热的同时起到遮阳与挡雨的作用。集热器还可以安装在南立面空调机外侧，以遮挡空调机。

（6）低能耗建筑应用

低能耗建筑一般对建筑的冷热桥、保温层、气密性等具有较高的要求，在此类建筑中施工应特别注意，太阳能集热、蓄热设备在建筑上的安装应做好断热桥处理，并采用良好的防水措施；在既有建筑中安装不应损坏原始保温层、防水层的完整性。同时，要重点做好断热桥措施，对于系统本身还要保障不影响原有支架强度，且抗风能力、防腐处理和热补偿措施等都应符合设计要求或现行国家标准的规定。太阳能集热系统管线穿过建筑围护结构时，应按设计要求做好防水和密封处理，并采取相应的气密性保障措施。

参 考 文 献

[1] Werner Weiss etc. Solar Heating Worldwide 2020 [R]. IEA Solar Heating & Cooling Programme，2020.

[2] 郑瑞澄. 民用建筑太阳能热水系统工程技术手册：第2版 [M]. 北京：化学工业出版社，2011.

[3] 何涛，张昕宇，王敏，等. 太阳能热水工程实例汇编 [M]. 北京：中国建筑工业出版社，2019.

[4] 闫玉波，李仁星，李博佳. 北京市高层住宅建筑太阳能热水系统应用 [M]. 北京：中国建筑工业出版社，2019.

6 电 气

6.1 供配电改造

6.1.1 要点

1）负荷计算

改造设计时，应对机电设备用电负荷进行计算，并应对供配电系统的容量、供电线缆截面和保护电器的动作特性、电能质量等参数重新进行验算。改造采用的新型节能机电设备的用电负荷相比改造前会有一定程度的降低，改造设计要按采用的新型节能产品的电气参数进行负荷计算。对改造前的系统容量、线缆截面与保护性能，还要验算能否满足改造后的系统需求。

2）能效等级

经评估需改造更换变压器时，应选用低损耗配电变压器。变压器能效等级不应低于国家标准《电力变压器能效限定值及能效等级》GB 20052—2020 规定的能效等级 2 级。低能耗改造设计不应继续沿用或选用 3 级能效等级的变压器。原来使用的 3 级能效等级变压器，经评估明确变压器能效提升改造计划，改造选用产品的能效等级不低于 2 级。

3）负荷平衡

实现配电系统三相负荷的不平衡度小于 15%，可以降低线路损耗，降低配电元件发热量，提高配电保护的可靠性。改造前对存在的三相不平衡用电情况进行诊断评估，改造设计中要结合具体的单相用电负荷分布、运行周期等因素合理调配，制定调试、检测方案并编制调试记录表格，供施工验收时使用。

4）功率因数

变配电室集中设置的功率因数补偿装置，应根据负荷动态变化自动快速补偿。改造设计要实现变配电室对单相负荷动态变化自动快速补偿，要求功率因数补偿装置具备单相补偿功能。如果改造前补偿装置采用的电容器全部是三相电容器，需要在改造设计中更换或增加单相电容器，投切步数应能保持每次投切大小适宜的补偿容量，功率因数满足当地电力部门的规定，一般应通过低压侧集中补偿实现变压器高压侧功率因数达到 0.9。设计时应结合既有居住建筑变压器低压侧的实际负荷情况校核配置低压柜补偿容量，低压侧宜按补偿到 0.92~0.95 的能力配置补偿装置，以保证高压侧功率因数符合规定，避免出现欠补偿或过补偿。

5）电压与谐波

改造工程应实现以下基本要求：

① 20kV 及以下三相供电电压偏差为标称电压的±7%，220V 单相供电电压偏差为标称电压的+7%、−10%；

② 正常运行条件下频率偏差限值为±0.2Hz，当系统容量较小时偏差限值可以放宽到±0.5Hz；

③ 电网接入点的谐波电压限值应符合表 6.1-1 的要求。

谐波电压限值   表 6.1-1

电网标称电压/kV	电压总谐波畸变率/%
0.38	5.0
6	4.0
10	

改造工程的电压偏差应符合现行国家标准《电能质量 供电电压偏差》GB/T 12325、《建筑节能工程施工质量验收标准》GB 50411。在检测诊断后，进行改造设计时应根据现行国家标准《供配电系统设计规范》GB 50052 控制设计指标，正常运行情况下，用电设备端子处电压偏差允许值宜符合下列要求：

（1）电动机为±5%额定电压。

（2）照明：在一般工作场所为±5%额定电压；对于远离变电所的小面积一般工作场所，难以满足上述要求时，可为+5%、−10%额定电压；应急照明、道路照明和警卫照明等为+5%、−10%额定电压。

（3）其他用电设备当无特殊规定时为±5%额定电压。

既有居住建筑改造前和竣工时，通过检测判断电压偏差是否符合设计和相关规定。有些现场在通过检测明确问题并诊断原因后，甚至可以采用极低成本的调节措施解决问题。例如，有的既有居住建筑原设计中存在"大马拉小车"情况，而且变压器分接头也未妥善调整、输出电压偏高，甚至在正常负荷运行中有很多户内的单相电压长期处于240V 左右的轻微过电压状态，对于这种情况可采用多时段、多状态的检测、诊断，实施分接头调整等相关措施。改造时首先结合实际检测数据，合理调整变压器10kV 分接头；必要时，再根据实际各处长、短干线的负荷矩与压损情况，匹配调整、平衡各条低压干线的负荷，最终实现改造后电压符合标准，满足节能运行条件。

由于目前使用的电子产品开关电源数量增多，改造设计选型时应注意选用产品的电能质量参数，采用的非线性电子产品应选用低谐波电路类型并取得相关认证的产品。

采用精细化设计与系统优化，减少谐波的产生，降低谐波治理难度。变频器的设计使用要合理，运行无连续调速要求的风机、水泵建议优先采用台数控制或双速电机，避免将变频器作为动力设备选型过大的调节装置而使用。通过优化设计，提高资源利用率和电能质量。

6.1.2 功率因数

改造设计时对采用的 25W 以下光源应明确节能设计要求，结合具体工程项目情况合理设计选用适合的无功补偿装置，可以保证电能质量，降低线路损耗、变电损耗，减少发热量。对选用产品本身的功率因数进行严格约束，并对低压系统采用无功补偿措施，设计要求包括以下：

（1）功率匹配：动力电机避免选型过大、运行负载过低，提高自然功率因数；

（2）选型严格：公共区域大量使用的直管荧光灯功率因数不宜低于 0.95，功率 $P \leqslant 5W$ 的 LED 灯的功率因数不宜低于 0.75，功率 $P > 5W$ 的 LED 灯的功率因数不宜低于 0.9；

（3）就地补偿：结合功率因数低的用电设备就地设置无功补偿装置；

（4）集中补偿：在区域配电室、变配电所低压柜中选用无功补偿装置，补偿后功率因数不低于 0.95。

采取就地补偿、分区域集中补偿等措施的同时，还可优化低压线路选型、变压器运行容量。要注意不能因为可以采用无功补偿就放松对设备本身功率因数的指标要求，设计、招标应采用功率因数符合更严格标准和设计要求的设备。

6.1.3 设备能效

对于居住建筑，其中居民用电部分由供电部门直接管理的低基变电所低压供电结算，而配套公建部分在具备一定规模时需建高基变电所，供电部门采用 10kV 供电结算，因此包括两种不同类型的变电所。高基变电所由建筑设计单位直接设计时，应在设计说明及高压、低压系统图中明确采用的变压器能效等级标准。能效等级体现在其说明和系统图上；低基变电所能效等级体现在建筑设计单位的设计说明上，考虑到受委托设计低基变电所的单位介入时间可能晚于施工图出图时间，所以应在建筑设计单位提交的施工图设计说明中体现与低基变电所配合方的协同设计要求。

设备配套的电动机应符合国家标准《电动机能效限定值及能效等级》GB 18613—2020 规定的不低于 2 级能效水平。

风机、水泵和电梯等设备应采用不低于 2 级能效等级的电动机。风机、水泵、电梯等采用电动机的动力用电设备在建筑总能耗中占有相当大的比例，这些设备虽然不由电气专业直接设计选型，但电气专业应对上述动力用电设备的电动机选型明确提出能效等级要求，将其提交并体现于建筑、暖通、给水排水等相关专业的设备选型表中，或可由设备专业设计说明，设备表应明确电动机能效等级或索引到电气专业设计说明。作为设备招标采购时不可缺少的重要控制指标之一，动力用电设备在配套时应避免单纯采用低价中标方式，而应综合考虑节能指标参数。

电梯应采用不低于 2 级能效等级的动力电机，两台或多台电梯采用并联或群控技术，提高组合后的运行效率，并实现轿厢无人自动关闭部分照明和风扇。

6.1.4 系统能效

1）动态能效偏差

随着时代和技术的进步，建筑配电系统能耗在线监测平台在节能评价与能源管理中的作用越来越重要。对建筑能耗在线监测数据的分析犹如对建筑系统进行"体检"，从监测指标曲线图上可以发现运行参数波动变化，有助于深入分析建筑系统运行情况，掌握建筑耗能状态，寻找问题和缺陷，帮助我们以客观视角重新审视过去的设计、施工与运行，深入思考研究建筑低能耗改造。

相比于建筑设计中的传统负荷计算结果，建筑配电变压器运行的日均负载率长期偏低。既有建筑改造时，有必要区分清楚传统负荷计算的负荷率与运行负载率二者之间的差异，尤其对于建筑内部的变配电系统设计，负荷率与负载率概念区分更加有意义。

计算负荷率适合用于表述配电系统静态，对应于设计状态，体现出建筑内部各种设计负荷在设计状态中的包络线位置；而运行负载率适合用于表述配电系统动态，是大量此起彼伏出现的实际使用状态负荷相对于承受主体加载后的动态曲线。对运行监测数据客观分析可以发现二者之间的偏差是明显的。过去一些项目设计时并未区分计算负荷率与运行负载率的差异，导致变压器等主要设备选型过大、存在较长时期低效运行。采用日均负载率作为分析重点，可以分析实际建设系统的运行能效情况，并与设计状态的计算负荷率进行比较，通过改造设计实现系统优化、能效提升。根据通常出现的情况总结，计算负荷率与运行负载率的偏差组成因素情况见表 6.1-2。

计算负荷率与运行负载率对比

表 6.1-2

概念对比	计算负荷率	运行负载率
系统状态	静态	动态
偏差组成因素	外部或内部提资偏差：5%～10%以上 计算方法简化偏差：5%左右 计算系数选择偏差：5%～10%以上 设计预留放大偏差：5%～10%以上	直接监测数据：1% 二次统计数据：随分项计量 准确性不同，一般在 2%～5%
呈现效果	设计状态的包络线族	运行状态的动态曲线

2）精确设计协同

设计时要考虑机电系统承受最大的不利状态，通常按照用电设备与系统额定使用要求及备用要求的最大状态进行计算选型，供配电系统整定值要能够承受提资设备或系统的最大运行方式总负荷。近年来，节能对于可持续发展的重要性被广泛宣传与认知，也发现了过去设计建造的一些建筑在实际运行中常常表现出系统容量配置过大、控制欠灵活、运行能效低的问题，这些现象背后，存在安全与节能理念的统一问题。过去的一些项目在系统设计内容中往往体现出缺少适用的节能指标引导和缺少精确化设计协同，存在机电系统设备容量外部提资、内部提资审查不到位的问题，在多种不确定因素影响下，负荷计算被多层放大，机电系统规模偏大、运行灵活性偏差、能效偏低，表现为看似安全且无责。

设计人员在设计流程中应对修改变化和不确定条件，往往缺少足够时间展开深入的负荷分析和全面的协同优化，通常难以在有限设计周期内找到最优解决方案，设计流程中互提条件配合时，在需求未量化、负荷计算条件尚不能完全确定时为了不耽搁进度，只好根据经验"夯出"某些系统容量，为了保证"容量包得住"，或多或少存在不同程度的设计选型偏大问题。

3）灵活分组运行

选型偏大的系统如果在架构设计中缺少灵活分组的多种运行方式和智能控制，就会导致实际运行能效偏低、经济性差。缺少变压器运行数据反馈和节能设计准确指标参照时，赶工放大选型模式在设计流程中被不断重复，产生惯性思维以至于形成惯例，将容量包得住视为正常并当作共识，甚至被当作合理，有的人认为理论计算就是这样，即使出现系统运行不节能的情况也未及时调整改进。

4）能效指标补充

既有建筑改造需要进行能效设计优化并不断丰富能效指标。既有建筑设计过去通常采用的设备容量、预留容量、计算系数，在很多建筑经过多年运行监测后，发现系统运行能效偏低。设计计算与实际运行偏差较大的问题，究其原因是理论的应用随时代发展需要不断补充、扩展和创新，需要不断调研、总结提炼新指标参数用于节能设计，配合采用更适合灵活调控的新系统和装置。

6.1.5 产品能效

对于长时间在线运行的监控室与设备间 UPS、开关电源、大功率充电模块等电力电子装置，能效设计要求如下：

① 满载效率宜达到 94%，半载效率宜达到 85%；

② 并机系统具备节能运行模式，低载时可实现智能休眠降低功耗；

③ 宜采用自然冷源降低空调负荷。

设计应提出 UPS、开关电源、大功率充电模块等装置本身的效率要求，选型时注意效率曲线上的高效率区间。需多台并机时，要求根据实际负载轻重而自动控制部分台数进入休眠状态，提高并机系统能效。散热与冷却设计要求优化散热器和散热通道，降低风扇和制冷能耗。

6.2 照明改造

6.2.1 要点

1）低能耗改造时，居住建筑室内应充分利用天然采光，采取节能高效、便于管理的照明控制措施，并应符合下列规定：

① 房间或场所装设有多个灯具时，应分组进行控制；

② 门厅等有天然采光场所的照明控制，宜随天然光照度的变化进行自动调节；

③ 人员数量变化大的公共活动场所，应按需要采取调光或降低照度的措施；

④ 当条件允许时，居室内宜设置节能控制型总开关。

应充分利用天然光照明，发挥照明控制的节能作用；同时，配合天然光控制人工照明的开关、照度，从而保证天然光照明与人工照明的综合效果，降低不必要的人工光源电能消耗。改造设计中，结合具体情况满足相应的要求。

2）居住建筑的公共部位照明系统改造时，选用的产品应符合下列规定：

① 照明功率密度应满足现行国家标准《建筑照明设计标准》GB 50034 中目标值的要求，照度、统一眩光值、照度均匀度、一般显色指数也应符合该标准的有关规定；

② 在满足眩光限制要求的条件下，宜选用开敞式直接型照明灯具，室内灯具的效率不宜低于75％；

③ 选用 LED 照明产品时，应符合现行国家标准《LED室内照明应用技术要求》GB/T 31831 的有关规定。

3）规模较大的公共场所宜采用自动照明控制系统，并宜具备下列功能：

① 接入红外或超声波雷达探测及自动控制系统；

② 预先设置并存储多个不同场景的控制模式；

③ 具有相适应的接口，与各类光源兼容和协调运行；

④ 具有显示照明系统运行状态的信号，便于按需调节设定值。

针对规模较大的公共场所（如地下车库、大堂、走廊）提出照明控制系统具备的基本功能。改造设计中，对于地下车库、出入口大厅，建议结合照明分区和人员行走路线、作息活动规律等，设置适宜的传感器及选择控制装置，结合实际场所空间和人员活动特点恰当应用节能技术措施、选择更适宜的产品、调整设定参数避免误触发。

6.2.2 照明质量

既有居住建筑改造时设计的照度、均匀度、显色性、眩光值等指标应满足国家标准《建筑照明设计标准》GB 50034—2013 的有关规定（表 6.2-1、表 6.2-2）。

居住建筑照明标准值 表 6.2-1

房间或场所		参考平面及其高度	照度标准值/lx	R_a
起居室	一般活动	0.75m 水平面	100	80
	书写、阅读		300*	
卧室	一般活动	0.75m 水平面	75	80
	床头、阅读		150*	

续表

房间或场所		参考平面及其高度	照度标准值/lx	R_a
餐厅		0.75m餐桌面	150	80
厨房	一般活动	0.75m水平面	100	80
	操作台	台面	150*	
卫生间		0.75m水平面	100	80
电梯前厅		地面	75	60
走道、楼梯间		地面	50	60
车库		地面	30	60
职工宿舍*		地面	100	80
老年人卧室	一般活动	0.75m水平面	150	80
	床头、阅读		300*	80
老年人起居室	一般活动	0.75m水平面	200	80
	书写、阅读		500*	80
酒店式公寓		地面	150	80

注: * 指混合照明照度。

配套公共通用房间照明标准值 表 6.2-2

房间或场所		参考平面及其高度	照度标准值/lx	UGR	U_0	R_a
门厅	普通	地面	100	—	0.40	60
	高档	地面	200	—	0.60	80
走廊、流动区域、楼梯间	普通	地面	50	25	0.40	60
	高档	地面	100	25	0.60	80
自动扶梯		地面	150	—	0.60	60
厕所、盥洗室、浴室	普通	地面	75	—	0.40	60
	高档	地面	150	—	0.60	80
储藏室		地面	100	—	0.40	60
变、配电站	配电装置室	0.75m水平面	200	—	0.60	80
	变压器室	地面	100	—	0.60	60
电源设备室、发电机室		地面	200	25	0.60	80
电梯机房		地面	200	25	0.60	80
控制室	一般控制室	0.75m水平面	300	22	0.60	80
	主控制室	0.75m水平面	500	19	0.60	80

人员长期工作或停留的房间或场所，照明光源的显色指数 R_a 不应小于80。改造设计时应结合具体情况合理选择光源显色性，可参见表6.2-3。

光源显色性改造选择 表 6.2-3

显色指数 R_a 范围	照明改造场所
$R_a \geq 90$	老年活动站、医疗服务站、防疫检查点
$90 > R_a \geq 80$	居室、餐厅、厨房、书房、卫生间、客厅、门厅、走廊、电梯厅、前室、楼梯间、大堂、健身房、庭院、门岗、配电及控制室
$80 > R_a \geq 60$	车库、设备机房、园区道路

6.2.3 灯具选型

1）选用高效光源

根据不同的使用场合，选用合适的照明光源，所选用的照明光源应具有尽可能高的光效。

LED（发光二极管）照明灯具与目前大规模使用的三基色直管荧光灯、紧凑型荧光灯、金属卤化物等相比具有寿命长、光效高等特点，保持同等照度用 LED 灯替换普通荧光灯的节能率可达到 50％左右。

LED 光源能效高、寿命长、易于控制，对于楼梯间、走道、卫生间等场所，LED 光源相比传统光源更有利于采用灵活的节能控制措施。

用于人员长期停留场所的一般照明的 LED 灯，一般显色指数不小于 80，特殊显色指数 R9 大于 0，色温不高于 4000K。

LED 灯的色容差应符合下列要求：

① 一般情况下，不高于 5SDCM；

② 用于人员长期停留场所不高于 7SDCM；

③ 用于室内洗墙照明时不大于 3SDCM。

2）选用高效附件

荧光灯的镇流器，可选择高频电子镇流器替换电感镇流器。镇流器的谐波、电磁兼容应符合现行国家标准《电磁兼容 限值 谐波电流发射限值（设备每相输入电流≤16A）》GB 17625.1 和《电气照明和类似设备的无线电骚扰特性的限值和测量方法》GB/T 17743 的规定。高压钠灯、金属卤化物灯应配用节能电感镇流器，在电压偏差较大的场所，宜配用恒功率镇流器，功率较小者可配用电子镇流器。

对于光源、灯具、电器附件的替换，应注意产品尺寸与安装的差异。在提高灯具效率的同时，还需注意配光和眩光是否满足照明的要求，节能的同时还要保证视觉的舒适性。在满足眩光限制和配光要求的条件下，应选用效率或效能高的灯具。

3）选型设计要点

（1）优先选择色温合适、显色指数高、光视效能高的光源；

（2）正确选择照明形式，慎用间接照明；

（3）应根据照明空间尺寸，选择合适配光曲线的灯具；

（4）在满足视觉情况下，若可能，灯具布置尽量接近工作面，降低灯具安装高度，提高灯具的利用率；

（5）合理使用局部照明，降低一般照明照度值；

（6）使用电子式镇流器或节能高功率因数的电感镇流器；

（7）气体放电光源采用就地功率因数补偿至 0.85 以上，荧光灯补偿到功率因数 0.9 以上；

（8）照明配电系统布置应防止返送电，避免不必要的线路电能损失；

（9）力求让负荷性质相近、工作时间相同、功能相同的照明配电系统实现三相负荷平衡，减少三相不平衡引起的线路损失。

6.2.4 照明控制

照明控制是照明系统的重要组成部分，除了调节或改变光环境外，也是照明节能的重要措施。照明控制可以分为手动控制和自动控制，居住建筑的照明控制装置可采用手动开关、定时开关、感应开关、智能场景控制器等。

1）建筑智能灯光控制系统具体实施方案技术措施

（1）定时控制

系统控制方案如下：有时间规律开关的照明回路预设定时开启关闭功能，方便管理，节约能源。

（2）照度控制

通过设于建筑物功能房间内的光感传感器控制灯具的开启。当室内自然采光达到照明要求的时候，控制该区域人工照明灯具处于关闭状态，当自然光不能满足照明要求时，灯具点亮，从而充分利用自然光，节约能源。

（3）现场面板场景控制

设置的智能控制面板分总控开关和场景控制开关（可实现区域控制）。总控开关可实现某部分区域内的整个灯光的开闭，而场景控制开关可实现相应场景的开关控制。将此面板适合控制区域内的所有灯光回路进行区域划分，然后将不同回路进行组合形成场景，在场景设置智能控制面板的场景控制键上实现灯光的场景控制。

2）照明控制要点

（1）楼梯间、门厅等公共区域的照明，人员只是通过但不长期停留，通过设置红外感应控制器，探测到无人员时，延时关闭不必要的照明；同时按建筑的使用条件和天然采光状况采用分区、分组控制照明。

（2）可利用天然采光的场所，例如门厅等，可设置自然光照度传感器控制，传感器应设置在靠窗侧墙上或者顶部。

（3）地下车库应优选自带感应的车库专用照明灯具，且灯具要具有全光、微光两种工作状态，辅助结合定时控制部分灯具回路。

（4）景观照明要制定平日、一般节假日及重大节日的灯控时段和控制模式。

照明节能改造设计应采取多种节能控制措施，完成各种公共场所的照明支路划分、手动控制开关或远程自动控制模块的分配，能够通过便捷操作、灵活的分区控制满足不同照明需求。这些场所采用定时、人体感应、自然光感应等节能控制装置，每个装置都应有明确的控制要求，自动控制能够实现与自然采光、人员作息活动合理配合。采用上述节能控制措施的同时，应同时选用对频繁开关或调光耐受能力较强的长寿命光源、灯具及附件，例如发光二极管（LED灯）、AC/DC转换电源、具有软启动特性的电子式镇流器。当灯具、直流电源、电子式镇流器采用主动PFC电路时，可实现高功率因数和低谐波含量，具有很好的节能效果。

3）自动感应开关的选型

（1）红外感应开关

红外感应开关全称热释电红外感应开关。自然界的任何物体，只要温度高于绝对零度（−273℃），总是不断向外发出红外辐射，物体的温度越高，它所发射的红外辐射峰值波长越小，红外辐射的能量越大。感应开关是基于红外线技术的自动控制无触点电子开关，灵敏度高，可靠性强，广泛应用于各类自动感应电器设备，可用于卫生间、仓库、走廊、楼道、地下室、车库的灯光电源控制。当有人进入开关感应范围时，热释电红外传感器探测到人体红外光谱的变化，自动接通负载；开关接通后，人不离开感应范围且在活动，将持续接通；人离开后，延时自动关闭负载（图6.2-1）。

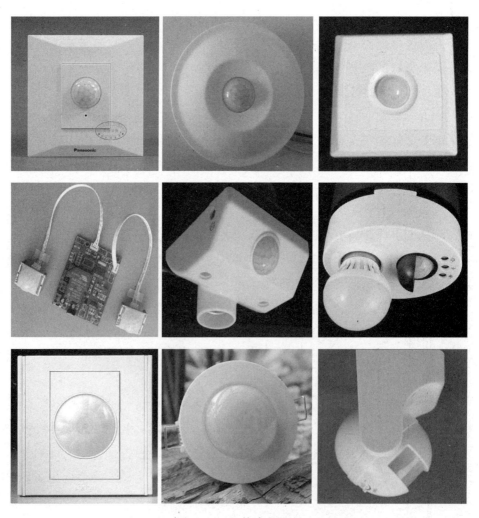

图 6.2-1　红外感应开关

（2）声光控开关

声光控开关面板表面装有光敏二极管，内部装有柱极体话筒。当环境中的光照暗到一定程度时，只要有响声出现，声光控制开关电路就接通。声光控开关过去常用作楼道灯，但容易误动作，目前逐步被红外线开关取代。

当前新建项目绝大多数使用场景中不适合再继续沿用原来习惯采用的声光控开关，尤其是含有绿色建筑或健康建筑设计概念的项目，应避免由于使用声光控开关而导致长期运行阶段难以避免地大量出现故意拍掌、跺脚、大声咳嗽等不文明、不卫生行为触发开灯，避免相邻住户、楼层以及室外噪声与墙体振动传导而导致多楼层灯光反复误触发，避免在夜间出现小区整体灯光闪烁，产生不安定气氛，影响住户心理安全感，也避免光源由于频繁误触发而过早损坏和能耗增加。地铁上盖建筑中过去使用声光控开关存在比较严重的大量楼层公共楼梯间误触发；如果在夜间，多栋楼随地铁通过而反复出现灯光闪烁，会严重影响住户心理安定感。

（3）电容式触摸延时自熄开关

这种类型的触摸式延时开关，在开关面板上有金属感应片，人手触摸时会产生一个微弱的电容感应信号，触发电路板上的三极管导通并对一个电容充电，由电容电压维持场效应管的导通，控制光源回路通电亮灯；手离开面板后，电容充电停止，电容放电不能继续维持场效应管的栅极电压时回到低电势，延时结束进入截止状态，控制光源的电流回路熄灯。这种开关存在人员交叉接触现象，公共场所不宜广泛使用。

（4）按键延时自熄开关

由人手按动按钮开灯，电路能自动延时关灯，存在人员交叉接触现象，公共场所不宜广泛使用。

根据项目中具体场所特点，选择适合的发光二极管（LED灯具）及控制开关，实现不同区域范围、不同需求的稳定可靠的自动控制，满足国标及地标相关条款规定。具备条件时，采用总线式智能控制系统。在设计文件中明确感应开关等自控装置的订货参数、功能要求，从而引领后续开关或系统采购、安装、调试能够顺利完成国标与地标规定的控制功能。

6.3 太阳能光伏发电

既有居住建筑低能耗改造过程中设置太阳能光伏发电系统，提高可再生能源电力比例，是减少建筑一次能源消耗、降低碳排放的有效手段。

近年来，随着技术水平的不断提高和生产规模的扩大，光伏发电效率不断提升、成本快速下降，我国光伏产业已跃居世界首位，建筑光伏的作用和效益受到广泛重视，相关产品研发与制造取得了较大的进展，并启动了一系列示范应用，为光伏发电技术在建筑中规模化应用打下了良好基础。行业标准《严寒和寒冷地区居住建筑节能设计标准》JGJ 26—2018 第 7.3.9 条即规定："有条件时宜设置太阳能光伏发电系统。"

6.3.1 技术概述

1）技术简介

光伏发电是利用半导体界面的光伏效应将太阳光能直接转变为电能的一种技术。早在 1839 年，法国科学家贝克雷尔（Becqurel）就发现，光照能使半导体材料的不同部位之间产生电位差，这种现象后来被称为"光生伏打效应"，简称"光伏效应"。1954 年，美国科学家恰宾和皮尔松在美国贝尔实验室首次制成了实验用的单晶硅太阳电池，效率为 6%。同年，韦克尔首次发现了砷化镓有光伏效应，并在玻璃上沉积硫化镉薄膜，制成了第一块薄膜太阳电池。此后，光伏技术高速发展，光电转换效率不断提高，新型光伏电池不断出现。2019 年全球光伏新增装机量为 116.9GW，较上年 103.7GW 增长了 13%，创造了历史新纪录（图 6.3-1）。

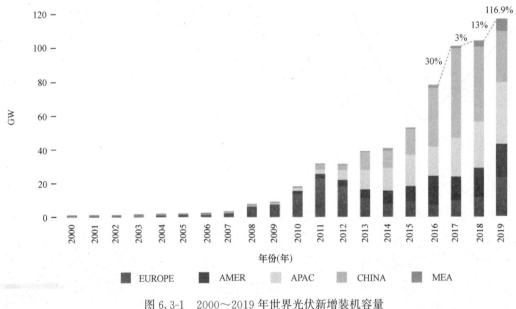

图 6.3-1　2000～2019 年世界光伏新增装机容量

2）光伏电池

现有光伏电池按照电池材料的不同大致分为三类：第一类为传统的晶体硅电池，如单晶硅电池、多晶硅电池，是目前市场的主流产品；第二类为薄膜电池，如碲化镉电池、铜铟镓硒电池；第三类为钙钛矿、石墨烯等新型电池，还处于实验室阶段，尚无工程应用（图 6.3-2、图 6.3-3、表 6.3-1）。

（1）晶体硅电池

晶体硅电池也称晶硅电池，按照晶硅的形式分为单晶硅电池和多晶硅电池。传统的晶硅光伏电池发展最早，技术成熟度最高，目前国际最高转化效率为 26.1%。晶硅

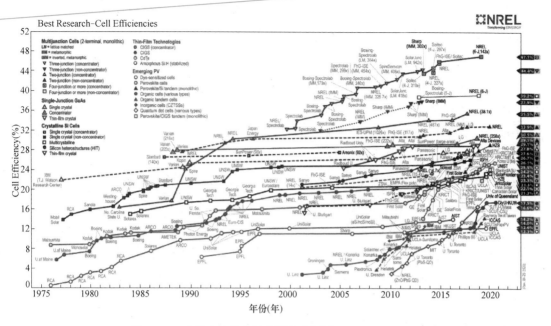

图 6.3-2 光伏电池发电效率研究进展图（Source：NREL）

各种光伏组件技术对比　　　　　　　　　　　　　　　　　　表 6.3-1

组件类型	最高效率	最高效率保持者	产业化效率
单晶硅	26.1%	德国哈梅林太阳能研究所（ISFH）	22.3%
多晶硅	23.3%	晶科（JinKo Solar）	20.5%
异质结 HIT	26.7%	日本 Kaneka	23%
非晶硅薄膜	14.0%	日本产业技术综合研究所（AIST）	8%
铜铟镓硒	23.4%	Solar Frontier	17.5%
碲化镉	22.1%	First Solar	16.5%
新型光伏电池	钙钛矿25.5%	韩国蔚山国立科技研究所（UNIST）	—

电池由于含有硼、铁、氧等元素，存在光辐照下的不稳定特性，包括光照导致的衰减、电压诱导衰减和热辅助的光衰现象，这些现象会随着衬底温度的不同而加强，即对环境要求较高。且由于其具有不透光特性，晶硅电池通常作为屋顶、车棚等构件在建筑中应用。

（2）薄膜电池

薄膜电池是基于薄膜技术的光伏电池，其原理是将很薄的光电材料铺在非硅材料的衬底上。应用于建筑中的薄膜电池材料主要包括多晶硅、非晶硅、碲化镉、铜铟镓硒等。硅基薄膜电池依托晶硅电池技术而发展迅速，技术成熟度较高，但效率较低，由于具有可见光透过率及可沉积在柔性衬底上作为智能穿戴设备而成为研究的热点。碲化镉、铜铟镓硒电池技术在近几年发展较快，效率不断上升，实验室效率分别达到22.1%和23.4%，产业化方面，国内多家企业已形成规模化生产。与晶硅电池相比，薄膜电池的光电转化效率稍低，但弱光条件下的发电性能优于晶硅电池，可以持续较长的发电时间。同时光伏组件在建筑中作为幕墙和外窗玻璃等材料应用时，需要满足建筑的采光功能，即具备一定的可见光透过率，薄膜电池能较好地满足该需求。

（3）新型太阳电池

新型光伏电池中相对较有前途的有钙钛矿和Ⅲ-Ⅴ族太阳电池。钙钛矿太阳电池的光电转换效率从 2009 年的 3.8％提高到 2020 年的 25.5％，是目前发展速度最快的太阳电池。钙钛矿组件可以通过调节原材料本身和选取不同的封装材料实现一定的透光度和可弯折度，可实现在不同建筑立面集成，此外，钙钛矿组件可选择不同的建筑材料作为基材，与建筑同步设计、施工和安装，实现与建筑的深度融合。目前小尺寸钙钛矿太阳电池的稳定性已得到大幅度的提升，但是在更接近实际应用中的尺寸中，稳定性还是一个尚需解决的难题。

总体看，光伏电池发电效率纪录不断被刷新，与此同时，光伏组件价格也随着产业化推进而不断下降。此外还发展出了许多与建筑光伏应用形式多样化相适应的光伏产品，正朝着建材化和构件化的方向发展，如适合于瓦屋面的光伏瓦、适合于不规则建筑构造的柔性薄膜光伏组件、适合于幕墙和窗户采光需求的透光/半透光光伏组件，以及适应建筑美观需求的不同颜色的光伏组件。

6.3.2 技术要点

1）结构安全复核

既有居住建筑建成的年代参差不齐，有的建筑已使用多年，过去我国在抗震设计等结构安全方面的要求较低，建筑光伏系统安装在建筑物的围护结构表面上，会加重安装部位的结构承载负荷。为保证建筑物的结构安全，增设或改造光伏发电系统时，首先需要进行建筑结构复核，确定是否可以实施。复核可由原设计单位或其他有资质的设计单位根据原设计施工图、竣工图、计算书文件进行，以及委托法定检测机构检测，确认不存在结构安全问题；否则应进行结构加固，以确保建筑结构安全和其他相应的安全性要求。在此基础上，还需要根据既有建筑围护结构改造方式合理确定光伏组件（阵列）与建筑结合的方式，如建筑屋面只是在原有屋面基础上进行保温改造，则采用建筑附加光伏的方式更为容易；如屋面需要拆除重建，可以考虑采用建筑集成光伏的形式。

2）光伏组件与建筑结合方式

根据光伏组件是否承担建筑结构功能、光伏组件在建筑中的应用形式，可分为建筑附加光伏（BAPV）和建筑集成光伏（BIPV）两种。

（1）建筑附加光伏

建筑附加光伏（BAPV）的特征是把光伏组件安装在建筑物的屋面或者外墙上，建筑物作为光伏组件的载体，起支承作用。光伏系统本身并不作为建筑的构成部分，换句话说，如果拆除光伏系统，建筑物仍能够正常使用。当然建筑附加光伏不仅要保证自身系统的安全可靠,同时也要确保建筑的安全可靠。该种形式光伏组件通常安装在屋面或立面上。

① 屋顶附加光伏组件

光伏组件安装在屋面时,其安装形式可以分为顺坡平行架空安装、倾斜架空安装及顺坡贴附式安装,按照屋面类型可分为平屋面和坡屋面。总体来说,倾斜架空式附加光伏屋顶具有最大的衰减倍数和延迟时间,可以更好地抵御外界环境对于室内热环境的影响。夏季,在昼夜温差大、日照辐射强的地区,屋面附加架空式光伏屋顶可以有效降低冷负荷;而在昼夜温差小且平均温度高的地区,附加光伏组件反而会增加建筑冷负荷。贴附式附加光伏屋顶的日总得热量均高于普通屋面。冬季,架空式附加光伏屋顶可以降低建筑物峰值热负荷,贴附式附加光伏屋顶除夏热冬冷地区外同样可以达到降低热负荷的效果。该方式是既有居住建筑改造过程中最容易采用的方式(图6.3-3~图6.3-5)。

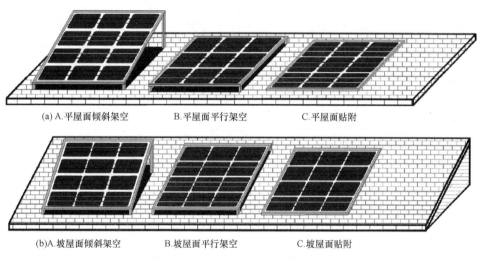

(a) A.平屋面倾斜架空　　　B.平屋面平行架空　　　C.平屋面贴附

(b) A.坡屋面倾斜架空　　　B.坡屋面平行架空　　　C.坡屋面贴附

图 6.3-3　屋面安装光伏组件示意图

② 立面附加光伏幕墙

附加式光伏幕墙主要指在既有居住建筑外墙外表面安装光伏组件,多用于公共建筑改造,具备条件的既有居住建筑改造也可以应用。由于光伏组件在工作时会产生热量,导致组件温度上升,因此为减少光伏组件发热对建筑负荷的不利影响,也减少组件升温导致的效率下降,在安装时组件一般与建筑外围护结构间保留一定空隙。

(2) 建筑集成光伏

图 6.3-4　坡屋顶附加安装光伏组件

图 6.3-5　平屋顶附加安装光伏组件

建筑集成光伏（BIPV）是指将光伏系统与建筑物集成一体，光伏组件成为建筑结构不可分割的一部分，如光伏屋顶、光伏幕墙、光伏瓦和光伏遮阳装置等；如果拆除光伏系统则建筑本身不能正常使用。建筑集成光伏是光伏建筑一体化的更高级应用，光伏组件既作为建材又能够发电，一举两得，可以部分抵消光伏系统的高成本。既有居住建筑改造中，如果涉及屋面、外墙或者幕墙结构重建，可以考虑应用以下建筑集成光伏形式：

① 与屋面结合的光伏系统

将建筑屋面作为光伏阵列的安装位置有其特有的优势，日照条件好，不易受到遮挡，可以充分接收太阳辐射，光伏系统可以紧贴建筑屋面结构安装，减少风力的不利影响。并且，太阳光伏组件可替代保温隔热层遮挡屋面。此外，与建筑屋面一体化的光伏组件由于综合使用材料，不但节约了成本，单位面积上的太阳能转换设施的价格也可以大大降低，有效利用了屋面的复合功能（图 6.3-6、图 6.3-7）。

图 6.3-6　与屋面结合的光伏系统

② 与墙体、幕墙结合的光伏构件

对于多高层建筑来说，外墙是与太阳光接触面积最大的外表面。为了合理利用立面收集太阳能，可结合装配式构件，将光伏系统与建筑物的外墙或幕墙结合。这样，可以利用太阳能产生电力，满足建筑的需求，还能降低建筑墙体的温度，从而降低建筑物室内空调冷负荷。同时这种光伏构件不多占用建筑面积，优美的外观兼具特殊的装饰效果，赋予建筑物鲜明的现代科技和时代特色。此种方式多用于公共建筑，既有居住建筑低能耗改造过程中如具备条件可以应用。

图 6.3-7 光伏采光顶

③ 与遮阳装置结合的光伏组件

将太阳能光伏组件与遮阳装置构成多功能建筑构件，一物多用，既可有效利用空间，又可以提供能源，在美学与功能两方面达到了完美的统一，如在建筑本体上加装太阳能光伏遮阳棚，在建筑周边加装太阳能光伏停车棚等（图 6.3-8）。

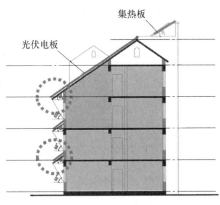

图 6.3-8 太阳能光伏遮阳棚

3）光伏发电系统形式选择

按照与市电的连接、利用方式，光伏发电系统有三种形式：独立光伏系统（Stand-alone）、并网光伏系统（Grid-connected）和混合光伏系统（Hybrid）。

（1）独立光伏系统

独立系统将光伏组件发出的直流电经过充电控制器，分别与蓄电池和负载相连。充放电控制器根据蓄电池充电电压、充电量等参数实时调节充电电流；而蓄电池电力不足时，充电控制器一般依据蓄电池欠压保护的设定值动作，停止向负载供电。蓄电池必须有足够大的容量来存储光伏组件白天所发的电，保证夜间及天气不好时使用，

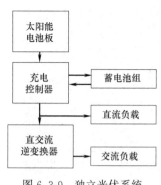

图 6.3-9　独立光伏系统

因此独立系统必须利用蓄电池储存电能来维持供电稳定性（图 6.3-9）。

（2）并网光伏系统

并网太阳能光伏系统就是太阳能光伏发电系统与公共电网相联，太阳能光伏发电经逆变和调节后，输送到公共电网。这种形式又分为光伏发电全部并网、建筑用电来自公共电网的"全额上网"模式和"自发自用、余电上网"的模式。"自发自用、余电上网"的模式指当光伏组件供电不足时，由电网向用户供电，若光伏组件供电大于用户需求，剩余的电可通过直交流逆变换器输送到电网。一般为便于计量，在连接电网时安装一块双向计量电度表，用于解决电力收费的问题（图 6.3-10）。

2020 年 3 月 31 日，国家发改委发布发改价格〔2020〕511 号文件《关于 2020 年光伏发电上网电价政策有关事项的通知》，根据通知要求，鼓励发展"自发自用、余电上网"的工商业分布式项目，补贴标准为按照全发电量补

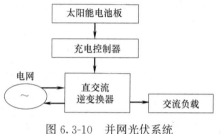

图 6.3-10　并网光伏系统

贴 0.05 元/度；"全额上网"模式按集中式电站分资源区指导价（0.35、0.40、0.49 元/度）进行补贴。根据该通知，如果建筑光伏发电系统所发电量按照"自发自用、余电上网"的模式，按 2019 年北京市火电上网标杆电价 0.3601 元/kWh，单位面积屋顶光伏发电 150 kW/h 且 70% 发电量能够自发自用估算，单位面积屋顶光伏可获得年补贴为 $0.05 \times 150 + 0.36 \times 150 \times 30\% = 23.70$ 元，此外，还可节约自用电量的电费约 $0.49 \times 150 \times 70\% = 51.45$ 元，单位面积屋顶光伏发电年经济效益约 75 元。若采用"全额上网"模式，年补贴额为 $0.40 \times 150 = 60$ 元，因此从经济性角度看，既有居住建筑改造所设置的光伏发电系统更适于采用"自发自用、余电上网"模式。

（3）混合光伏系统

常说的混合光伏系统包括两种类型：一种是指既与常规电网相连，同时又配备蓄电池储能的光伏发电系统，该系统中太阳能光伏发电与市电彼此之间，通过控制系统实现向建筑互补供电，可选用光伏优先或市电优先策略；另一种更为广泛的混合光伏系统是为了综合利用各种发电技术的优点，除了利用光伏发电以外，还使用柴油机、燃气机或风力发电等作为备用发电的发电系统，一般应用在无市电稳定供应的牧场、海岛等地区（图 6.3-11）。

4）系统监测与控制

既有居住建筑低能耗改造中设置光伏发电系统后，与常规建筑的显著区别在于建

筑既是用能单位又是产能单位，同时建筑产能量受太阳辐照变化的影响而不断波动。因此，需要建立完善的系统能量监测系统与自动控制系统。能量监测与自动控制系统应具有以下功能：

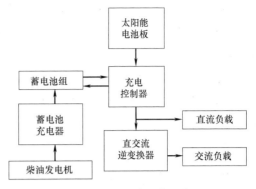

图 6.3-11 混合光伏系统

（1）用能端监测：对各居住单元、各主要机组、各分系统进行能源监测与计量；对变配电、照明、供暖、空调、给水排水等设备建立能源监控系统。

（2）供能端监测：将光伏发电系统分区进行独立监测与计量，建立室外太阳辐射、环境温度、湿度等参数监测系统，用于系统前瞻性控制。

（3）前瞻性控制：自动控制系统宜引入前瞻性控制技术。由于可再生能源具有不稳定的特性，楼宇能源系统需要同时针对可再生能源与用能需求的变化做出响应。传统控制系统，如气候补偿控制等，主要以负荷侧控制为主，在供应侧施加控制较少。建筑光伏系统可引入前瞻性控制技术，实现包括供应侧与需求侧的协同供能。

除前述技术要点外，对于既有居住建筑改造工程，安装光伏系统涉及对原有屋面防水、保温的破坏与重建，既有屋面结构强度复核，防火、防雷等安全性，局部增高后对周边建筑遮挡，发电系统并网等技术问题，实施难度较新建建筑显著增大，投资也有所增加。改造过程宜结合城市更新、老旧小区改造等，一方面统一进行屋面防水、保温的改造，既有屋面结构强度复核等工作，综合解决屋面防水、保温、光伏系统安装问题，另一方面综合使用多项补助资金，降低工程投资压力。此外，居住建筑产权分散、用电价格低，再加上公共区域用电需求低、居民用电收费难等问题，在增设光伏发电系统过程中，还需明确系统产权和运营方式，创新投融资模式。

6.3.3 光伏建筑一体化

1）居住小区光伏改造

（1）屋顶光伏瓦防水改造利用面积和发电量计算

① 屋顶光伏瓦一体化防水改造

与屋顶平改坡结合，将光伏瓦一体化安装作为防水屋顶，不怕暴晒，而且光伏瓦耐久性比普通防水材料更好。（如果是光伏组件之间打密封胶，密封胶老化开裂会影响防水性能，组件更换比较困难；如果光伏组件采用彩钢板衬底，彩钢板增加了投资，且彩钢板使用年限达不到光伏电池板的 30 年寿命期。）

当采用构件式光伏瓦时，能综合实现屋顶防水和光伏发电。构件式光伏瓦的防水性能和普通瓦一样，每块光伏瓦有导水槽，光伏瓦上下搭接确保防水，光伏瓦全寿命期不漏水；光伏瓦带集水功能，可实现雨水收集，减少水资源流失；构件式光伏瓦在屋面上形成的防水面容易清洗；光伏瓦组件在发电的同时，可以对顶层屋面起到防晒作用，延缓原有普通防水材料日照老化，降低顶层房间空调用电量；光伏瓦组件采用镶嵌自锁设计，组件安装无需压块，螺钉螺母使用数量很少且不淋雨、不需防锈紧固件，节约安装工时、工期短、人工成本低；万一遇到某一块电池组件损坏时，光伏瓦可以单片更换。

② 光伏瓦改造可利用面积

屋顶改造估算时，设屋顶水平投影面积为 S_1，屋顶光伏瓦安装面积为 S_{PV1}，坡屋顶角度大时，南向坡面对应 $40\% \, S_1$ 水平投影面积上能获得 $50\% \, S_1$ 的光伏瓦安装面积，如果增加屋顶受光面，最大可以在 $80\% \, S_1$ 水平投影面积上获得 $100\% \, S_1$ 的光伏瓦安装面积，通常可以按式（6.3-1）估算（多处屋顶光伏系统应按各处情况逐一计算并求和）：

$$S_{PV1} = (50\% \sim 100\%) S_1 \tag{6.3-1}$$

③ 光伏瓦发电量计算

建筑光伏阵列发电功率计算应考虑具体建筑不利因素影响，方案设计宜按表 6.3-2 的参考值计算。

建筑光伏阵列组件设计参考值　　　　　　　　　　　表 6.3-2

材料种类	光电转换效率		光伏组件单位面积发电功率/(Wp/m²)		
	电池	组件	标准测试条件下 (1000W/m², 25℃)分布范围	标准工作温度下 (800W/m², 20℃)分布范围	参考值 /(Wp/m²)
单晶硅	≥21%	≥19%	≥196	≥149	150
多晶硅	≥19%	≥17%	≥170	≥121	125

光伏阵列设计应根据实际安装条件计入不利因素确定折算满发小时数。

屋顶光伏瓦在坡屋顶角度设计较有利于获得太阳光照时，估算光伏瓦发电量可以不降容，非南向屋顶的光伏降容系数一般在 0.7～0.9。北向坡度大或受遮挡的屋面上不宜安装光伏瓦。可以根据屋顶平面图和建筑专业拟选用的光伏瓦款式、规格，由专业厂家按具体产品性能参数计算。

（2）出入口光伏顶棚面积和发电量计算

① 出入口光伏顶棚改造

居住小区出入口的南向，以及建筑的南向出入口，在太阳光照条件较好的地点，改造设计时都宜设计光伏顶棚。

② 出入口光伏顶棚可利用面积

小区或建筑的出入口顶棚改造设计时，设顶棚水平投影面积为 S_2，屋顶光伏瓦安装面积为 S_{PV2}，通常可以按式（6.3-2）估算（多处出入口光伏顶棚应按各处情况

172

逐一计算并求和）：

$$S_{PV2} = (70\% \sim 100\%)S_2 \qquad (6.3\text{-}2)$$

③ 出入口光伏顶棚发电量计算

光伏顶棚发电功率计算应考虑具体小区和建筑出入口不利因素，方案设计宜按表 6.3-2 的参考值计算。

光伏顶棚设计较有利于获得太阳光照时，估算光伏顶棚发电量可以不降容，非南向顶棚的光伏降容系数一般可取 0.7～0.9。各出入口日照受遮挡的顶棚不宜安装晶体硅类型的光伏组件。如果采用非晶硅薄膜，应根据出入口造型设计要求委托专业厂家计算。

（3）室外休息区光伏遮阳棚面积和发电量计算

① 室外休息区光伏遮阳棚改造

居住小区的室外休息区光伏遮阳棚设计，主要为儿童、老年人和陪同照料人员以及普通人员的室外活动提供遮阳、遮风、挡雨的关怀功能，因此休息区光伏遮阳棚应突出实用，与具体休息区环境和使用人员需求紧密结合，设在室外休息区有较好光照条件的位置。

当室外休息区对光伏遮阳棚有透光要求时，应结合休息区的屋顶、幕墙、廊道的造型、图案、颜色等要求选用一体化透光型组件，组件透光率宜在 25%～75%。

② 室外休息区光伏遮阳棚可利用面积

居住小区的室外休息区光伏遮阳棚改造设计时，设遮阳廊道水平投影面积为 S_3，光伏遮阳棚的安装面积为 S_{PV3}，通常可以估算：

$$S_{PV3} = (20\% \sim 100\%)S_3 \qquad (6.3\text{-}3)$$

当光伏遮阳棚安装面是拱形或有立面也可以安装时，S_{PV3} 可能超过 S_3 的面积。

选用一体化透光型组件时，还应根据透光率设计值进一步计算出在安装面积的光伏玻璃中实际填充光伏硅片的有效光伏利用面积。

$$S_{PV3Z} = (75\% \sim 25\%)S_{PV3} \qquad (6.3\text{-}4)$$

对应组件透光率在 25%～75%，实际在光伏玻璃中安装光伏硅片的有效光伏利用面积由 75% 降低至 25%。

多处室外休息区光伏遮阳棚应按各处情况逐一计算并求和。

③ 室外休息区光伏遮阳棚发电量计算

室外休息区光伏遮阳棚发电功率计算应考虑具体的休息廊道中适合光伏组件应用的位置情况，方案设计宜按表 6.3-2 的参考值计算。设计时要充分考虑周边建筑物、雕塑等构筑物以及高大树木的遮挡，室外休息区光伏遮阳棚不应计入实际没有光照条件的部分。

2）光伏一体化综合利用

（1）光伏组件能量回收期

能量回收期的核实、验算是光伏组件合理选用的先决条件。光伏组件生产厂家对产品的生产、运输、安装等能耗可以提供检测或分析报告，在光伏系统设计之初应首先核查相关能耗数据，验算光伏组件能量回收期，生产能耗计算应符合国家标准《综合能耗计算通则》GB/T 2589—2008。

具体建筑的光伏组件能量回收期核查与验算可按表6.3-3列出的环节展开。该表中序号1-8的电耗参考值数据来源于中国光伏行业协会，按表中参考值和一种情况折算满发小时数计算的能量回收期TP＝1.79年可作为参考，但不同的建筑位置、选型应用情况、生产运输与安装情况，能量回收期也不同。当建筑设计采用聚光型光伏组件时，由于反光材料的生产成本、生产电耗相比半导体硅片更低，以反光材料节省半导体材料，光伏组件能量回收期更短。

应注意明确具体建筑项目光伏组件设计安装位置，例如屋顶还是幕墙。折算满发小时数应体现光伏组件在该位置运行工况的光伏发电量，比采用最大满发小时数更符合实际。建筑方案可能有利于光伏应用，也可能不利于光伏应用，验算同一建筑不同方案的能量回收期，可以辅助建筑方案优化比选。建筑设计时，尤其对于绿色设计而言，能量回收期验算是后续设计合理性的基础之一。

光伏组件能量回收期核查　　　　表6.3-3

序号	生产环节	符号	电耗参考值/(kWh/Wp)
1	硅砂→冶金硅	EP1	0.0696
2	冶金硅→多晶硅	EP2	0.384
3	多晶硅→多晶铸锭	EP3	0.036
4	多晶硅锭→多晶硅片	EP4	0.1
5	多晶硅片→多晶硅光伏电池	EP5	0.1
6	光伏电池→光伏组件	EP6	0.35
7	逆变器等相关部件	EP7	0.36
8	组件运输、系统施工安装及其他	EP8	0.11
合计 EP＝(EP1＋EP2＋EP3＋EP4＋EP5)/0.98＋EP6＋EP7＋EP8			1.524
设计安装位置的折算满发小时数			850
能量回收期 TP(年)			1.79

（2）光伏建设成本与效益

对于一套建筑屋顶光伏系统，如果按照8元/W计算建设成本算，对于10kW安装容量，光伏安装成本是$8 \times 10 \times 1000/10000 ＝ 8$（万元）。

可以针对实际应用场景展开以下分析：

① 安装面积折算

如果建筑改造时采用一体化的设计方案，设计屋顶光伏BIPV系统的光伏瓦作为屋顶建材使用，并且用于雨水收集，则可以通过 BIPV 光伏瓦新型建材节省传统建材和大面积防水改造材料。对于 10kW 光伏组件，如果按 $125Wp/m^2$ 估算，则光伏组件面积是 $10 \times 1000/125 = 80$（m^2）。将坡屋面光伏安装面积折算到水平投影面积则约为 $50m^2$。

② 防水和雨水收集

建筑改造时在光伏瓦的下方，可以节省 $50m^2$ 原有防水层的拆除和重新铺设的成本，而且还能获得 $50m^2$ 范围的雨水收集量。$50m^2$ 范围的自然降水由光伏瓦收集的效果会明显好于普通防水屋面。

而且，$50m^2$ 范围的自然降水还免费冲洗了 $80m^2$ 的光伏瓦。雨滴在由空中自然落体降落并集结于光伏瓦，再汇流收集到蓄水池的过程中，起到了维持光伏发电效率的作用。这些雨水的一生，也在光伏新能源项目上为了太阳能的转换而做出了贡献。

并且可以判断，$50m^2$ 范围收集的雨水并未增加污染，这些由光伏瓦集结的雨水还是原来落下的雨水，它只是落在光伏瓦的玻璃面上，而不是落在沥青成分多的有机材料上。因此，由光伏瓦玻璃面收集到的雨滴中包含的成分，与区域大气成分有明显的对应关系，有定期取样的分析研究价值。

③ 小区消防安全

既有居住建筑改造时对屋顶光伏瓦的投资，在节约沥青卷材和喷灯燃料的同时，还有利于小区消防安全。现在喷灯使用的燃料，主要是汽油和液化气两种。喷灯使用中需要特别注意气体压力、火焰温度、屋顶风向，稍有不慎可能伤到施工作业人员，或可能引起卷材燃烧。而在汽油或液化气罐的储运和在居住建筑屋顶作业使用过程中，都涉及火灾爆炸危险品，对居住小区消防安全非常不利，甚至可能由于操作不当或燃料意外泄出而危及全楼住户。对于城市应急管理而言，面对城市成千上万的小区防水卷材施工作业可能导致的火灾隐患，需要采用安全替代的技术措施，采用本质安全的不燃物替代易燃物、可燃物。

④ 绿色和健康

通过节能改造以屋顶光伏瓦取代有机卷材的大面积拆除和重新铺设，可以避免喷灯烤卷材的施工噪声和刺激性气味，减少对居家老人的打扰，减少喷灯施工作业和燃料使用；而另一方面，由于改造设计采用建筑光伏系统，是新能源和可再生能源活生生的宣传教育样板。

综合上述建设成本与效益分析，居住建筑屋顶光伏一体化综合利用将惠及千家万户。

参 考 文 献

[1] 中国光伏行业协会. 2019—2020 年中国光伏产业年度报告［R］. 北京：中国光伏行业协会，2020.

［2］ SPE. Global Market Outlook For Solar Power/2020—2024 ［R］. Brussels：SolarPower Europe，2020.

［3］ NREL. Best Research-Cell Efficiencies. Rev. 2020 ［EB/OL］. https://www. nrel. gov/pv/cell-efficiency. html.

［4］ 《能源发展战略行动计划（2014—2020年）》（国办发〔2014〕31号）

［5］ 《配电网建设改造行动计划（2015—2020年）》（国家能源局290号文）

［6］ 《电动汽车充电基础设施发展指南（2015—2020年）》（国家发展改革委、国家能源局、工业和信息化部、住房和城乡建设部）

［7］ 《关于开展城市居住社区建设补短板行动的意见》（建科规〔2020〕7号）

7 工程案例

7.1 河北省建筑科学研究院 2 号、3 号住宅楼

7.1.1 工程概况

河北省建筑科学研究院 2 号、3 号住宅楼位于河北省石家庄市（寒冷 B 区），两栋住宅楼分别建造于 20 世纪 80 年代和 90 年代，均为砌体结构，两栋楼中间有 10cm 的伸缩缝，见图 7.1-1。

图 7.1-1 河北省建筑科学研究院 2 号楼（右）、3 号楼（左）

2 号住宅楼建设于 1988 年，于 1998 年在建筑北侧进行了部分扩建（扩建部位采用框架结构），总面积为 1937m²；该建筑地上 5 层，总高度为 14.7m，层高为 2.8m。3 号住宅楼建设于 1998 年，总面积为 3100m²；该建筑地下 1 层、地上 6 层，总高度为 18.8m，层高为 2.9m。

2 号楼一期屋面为炉渣保温架空隔热屋面，传热系数为 1.21W/(m²·K)；扩建部分为加气混凝土保温架空隔热屋面，传热系数为 1.14W/(m²·K)，架空层均破损严重。一期外墙为黏土实心砖墙体，无保温层，传热系数为 1.58W/(m²·K)；扩建部分采用轻骨料混凝土空心砌块，无保温层，传热系数为 2.11W/(m²·K)。外窗采用单框单玻窗，窗框大部分为塑钢和铝合金，有个别窗框为木制材料，传热系数为 6.40W/(m²·K)，窗扇封闭不严，冷风渗透严重。改造前屋面、外窗的状况，见图 7.1-2。

3 号楼屋面为加气混凝土保温架空隔热屋面，传热系数为 1.16W/(m²·K)，架空层破损严重。外墙为黏土实心砖墙体，无保温层，传热系数为 1.59W/(m²·K)。

图 7.1-2　改造前 2 号楼屋面及外窗状况

外窗采用单框单玻窗，窗框大部分为塑钢和铝合金，有个别窗框为木制材料，传热系数为 6.40W/(m² · K)，窗扇封闭不严，冷风渗透严重。改造前屋面、外窗的状况，见图 7.1-3。

图 7.1-3　改造前 3 号楼屋面及外窗状况

采用红外热像仪对建筑热桥区域进行检测。2 号楼北侧的实拍图和热桥检测图如图 7.1-4（a）、（b）所示。北侧主体区域的平均温度为 0.5℃，楼板部位的平均温度为

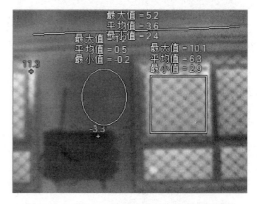

图 7.1-4（a）　2 号楼北侧立面实拍图　　　图 7.1-4（b）　2 号楼北侧立面热桥检测图

3.6℃，楼板部分在热桥检测图中呈现明显的橘红色，该区域存在热工缺陷。

2号楼西侧的实拍图和热桥检测图如图7.1-5（a）、（b）所示。西侧主体区域的平均温度为-1.3℃，后期扩建框架结构的平均温度为1.2℃，为热工缺陷部位。同时，检测图中屋顶与外墙的连接处也呈现亮色，该区域同样存在热工缺陷。

图7.1-5（a）　2号楼西侧立面实拍图

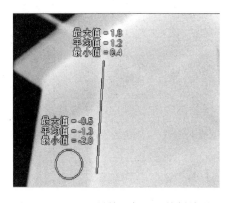

图7.1-5（b）　2号楼西侧立面热桥检测图

2号楼1单元单元门侧墙的实拍图和热桥检测图如图7.1-6（a）、（b）所示。墙主体区域的平均温度为1.3℃，扩建部位与原主体部位连接处的平均温度为5.2℃，为热工缺陷区域；各层楼板部位也出现亮色，同样存在热工缺陷。

图7.1-6（a）　2号楼1单元
单元门侧墙立面实拍图

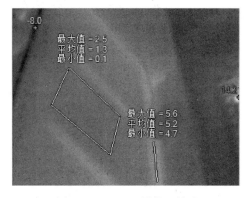

图7.1-6（b）　2号楼1单元
单元门侧墙热桥检测图

通过对2号楼北侧、西侧以及单元门侧进行热桥诊断，发现2号楼的楼板部位、扩建与原主体的连接部位、屋顶与外墙等连接部位均存在热桥，不符合节能标准要求，应有针对性地进行节能改造。

室内供暖系统全部为传统的上供下回式单管串联系统，管材为铸铁管，散热器全部为铸铁制散热器，无分户控制，不能进行室温调节，见图7.1-7。

7.1.2　改造目标

结合现场实际情况和节能诊断结果，从技术可靠性、可操作性和经济实用等方面

图 7.1-7 室内供暖设施现状

进行综合分析，因地制宜，以保障居住人员的正常生活为前提，最大限度地降低对居住人员的生活影响。

通过改造外围护结构的性能，使住宅楼总体节能效果达到既有居住建筑超低能耗改造指标要求。改造后建筑的供暖能耗大幅降低，通过对供暖系统进行改造，实现低温供暖，最终实现住宅楼停止集中供暖。2 号、3 号住宅楼超低能耗改造，是全国首例采用超低能耗改造的示范项目，具有开创性意义。

7.1.3 改造技术

1）屋面改造

在原有屋面基础上采用倒置法对屋面进行超低能耗改造，将原有屋面清理至基层后，重新做防水层、保温层、找坡层，保温层为 190mm 厚挤塑聚苯板，双层错缝铺设，改造后屋面的传热系数均小于 0.15W/(m²·K)。屋面与外墙之间采用宽度不小于 500mm 的岩棉防火隔离带。

为保证屋面上人孔的保温性能及气密性，本工程在上人孔安装可开启式节能窗，用于维修人员出入。屋面改造做法见图 7.1-8～图 7.1-10。

对屋面挑檐、雨篷及穿屋面的所有管道（如雨水管、透气管、排气道、排烟道等）均采取断热桥处理措施。

2）外墙改造

外墙节能改造采用石墨聚苯板薄抹灰外墙外保温系统，保温层石墨聚苯板的厚度为 220mm，燃烧性能等级为 B1 级。改造后外墙的传热系数均小于 0.15W/(m²·K)。外墙与地面交接处、穿外墙的所有管道（如雨水管支架、空调孔等）均采取断热桥处理措施。外墙外保温系统中沿楼层每层设置岩棉防火隔离带，宽度为 300mm，错缝搭接。外墙改造做法见图 7.1-11～图 7.1-14。

3）外门窗改造

本工程外窗进行改造时，在不拆除原外窗的情况下，在原有窗户的外侧加装节能窗。节能窗采用三玻两中空玻璃，改造后整窗传热系数 $K_w \leqslant 1.0W/(m^2 \cdot K)$，气密

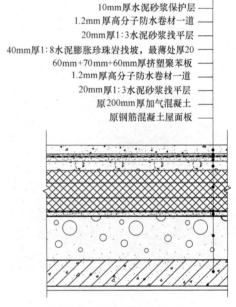

40mm厚C20细石混凝土
10mm厚水泥砂浆保护层
1.2mm厚高分子防水卷材一道
20mm厚1:3水泥砂浆找平层
40mm厚1:8水泥膨胀珍珠岩找坡，最薄处厚20
60mm+70mm+60mm厚挤塑聚苯板
1.2mm厚高分子防水卷材一道
20mm厚1:3水泥砂浆找平层
原200mm厚加气混凝土
原钢筋混凝土屋面板

图 7.1-8 屋面改造示意图

图 7.1-9 屋面铺设防水层

图 7.1-10 屋面保温错缝干铺

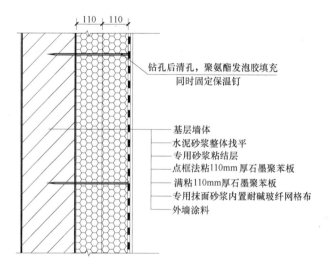

图 7.1-11 外墙保温做法节点

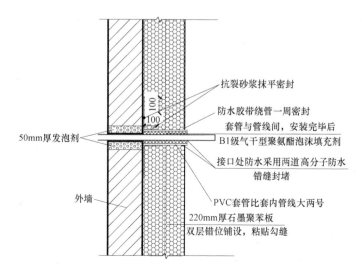

图 7.1-12 管道穿墙处做法节点

图 7.1-13 外墙保温错缝粘贴

图 7.1-14 穿墙管道断热桥处理

性能为 8 级，水密性能为 4 级，隔声性能为 3 级，抗风压性能为 6 级。在改造时，为避免墙体承载能力不足而发生的安全问题，外窗采用外嵌式安装。单元门更换为节能门，传热系数 $K_w \leqslant 0.8 \mathrm{W}/(\mathrm{m}^2 \cdot \mathrm{K})$，采用"外挂式"安装。外门窗改造做法见图 7.1-15～图 7.1-18。

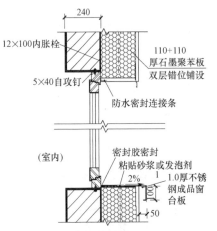

图 7.1-15 外窗安装节点做法

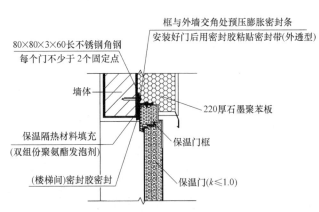

图 7.1-16 外门安装节点做法

图 7.1-17 旧窗拆除

图 7.1-18 被动窗外嵌式安装

4) 阳台改造

原阳台三侧为栏板，上部安装单框单玻窗，传热系数大。本次改造在原有阳台外侧新砌砖墙，然后外粘石墨聚苯板，安装节能窗，节能窗采用三玻两中空玻璃。改造后，整窗传热系数 $K_w \leqslant 1.0W/(m^2 \cdot K)$，气密性能为 8 级，水密性能为 4 级，隔声性能为 3 级，抗风压性能为 6 级。阳台改造做法见图 7.1-19、图 7.1-20。

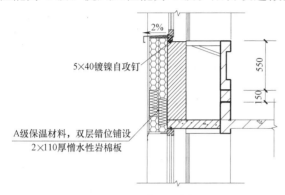

图 7.1-19 阳台改造剖面图

图 7.1-20 原有阳台外侧新砌砖墙

5) 厨房飘窗改造

原厨房飘窗底部一半为现浇混凝土板，一半为后加三角钢支撑，上部安装单框单玻窗，窗顶采用钢盖板，传热系数不满足要求。本次改造将原三角钢支撑拆除后，上下均增设 100mm 厚混凝土板，然后安装节能窗，飘窗顶部和底部粘贴保温层，最后在外部统一增设排烟通道，设置烟道一侧用 ASA 板封堵。厨房飘窗改造做法见图 7.1-21～图 7.1-23。

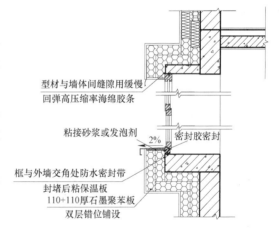

图 7.1-21 厨房飘窗改造做法

图 7.1-22 厨房飘窗底部粘贴保温层

图 7.1-23 外部统一增设排烟道

6）室内供暖系统改造

本项目共提供三种方案供住户选择。方案1：不保留暖气，使用新风系统加分体式空调相结合的形式，不再收取暖气费；方案2：不保留暖气，安装能源环境一体机，供暖期间不再收取暖气费；方案3：保留暖气，安装新风系统，供暖期间正常收取暖气费。对于改造后不保留暖气的住户，散热器可拆除也可截断。

本项目结合新风系统、空调、能源环境一体机三种方式，统一在每户外墙预留新风系统送风管和回风管各1个孔洞，卧室和客厅均预留空调孔，并根据不同室外机规格统一增设室外空调板。

7.1.4 改造效果

1）室内环境

（1）温度

在超低能耗改造后，从2018年10月1日至2019年10月1日进行为期一年的监测。选择一层用户、中间层用户、顶层用户，针对全年温度、供冷时段（5月19日～8月22日）温度、供暖时段（11月15日～3月15日）温度、过渡季（供暖前期）温度进行统计筛选，剔除无效数据，对不同位置、不同时期平均温度进行分析。

室内温度统计表 表 7.1-1

位置	平均温度/℃			
	全年	供冷时段	供暖时段	（过渡季）供暖期前
一层	23.6	26.0	23.3	19.8
中间层	25.0	28.5	23.3	21.5
顶层	27.1	28.6	27.0	23.5

由表7.1-1可知，不同楼层的室内温度稍有差异，顶层各个时期温度均高于其他楼层，但每一层均能满足室内温度要求：

供暖期前室内温度均高于18℃，平均温度在20℃以上，一层温度略低于其他层温度，顶层温度高于其他层温度。

夏季室内最高温度处于28℃上下。据调查，用户在室温高于28℃才会选择开启空调，因此夏季最高温度多数处于28℃左右。顶层室内温度明显高于其他层的室内温度，空调耗电量明显高于其他层。

冬季室内最低温度处于22℃以上。一层冬季温度低于其他层温度，顶层冬季温度高于其他层。室内温度能够达到冬季供暖室内设计温度，可以取消常规供暖。

经后续持续监测，各年度平均温度如表7.1-2所示。

经长期监测，改造后，室内全年平均温度维持在20～26℃之间，供冷季平均温度维持在25.5～29℃之间，供暖前（过渡季）温度维持在19.3～22℃之间，各年度室内温度变化差异不大，满足设计要求。

2019～2020 年室内平均温度统计表　　　　　　　表 7.1-2

年度	位置	平均温度/℃			
		全年	供冷时段	供暖时段	(过渡季)供暖期前
2019	一层	24.0	26.4	23.3	19.5
	中间层	24.2	27.5	23.1	20.6
	顶层	25.9	28.9	24.9	21.8
2020	一层	22.8	25.5	24.8	19.3
	中间层	24.7	27.1	21.5	21.5
	顶层	26.0	28.9	23.3	22.0

（2）相对湿度

选择一层住户、中间层住户、顶层住户，从 2018 年 10 月 1 日至 2019 年 10 月 1 日进行为期一年的监测。针对全年湿度、供冷时段（5 月 19 日～8 月 22 日）湿度、供暖时段（11 月 15 日～3 月 15 日）湿度、过渡季（供暖前期）湿度进行统计筛选，剔除无效数据，对不同位置、不同时期平均湿度进行分析（表 7.1-3）。

室内湿度统计表　　　　　　　表 7.1-3

位置	平均湿度/%			
	全年	供冷时段	供暖时段	(过渡季)供暖期前
一层	34.11	48.43	18.60	35.18
中间层	36.15	42.71	27.01	41.62
顶层	33.53	43.06	23.43	36.03

进行超低能耗改造后，室内湿度并没有维持在冬季≥35%、夏季≤65% 的范围内，原因在于改造后大多数用户选择保持原有空调与散热器。在冬季，散热器供暖会蒸发室内空气中的水蒸气，导致在冬季室内存在湿度小、空气干的问题；在夏季，用户一般只有普通空调，并没有安装新风机，用户采用开窗换气，导致夏季室内部分湿度高于 65% 的要求。

经后续持续监测，各年度平均湿度如表 7.1-4 所示。

2019～2020 年室内平均湿度统计表　　　　　　　表 7.1-4

年度	位置	平均湿度/%			
		全年	供冷时段	供暖时段	(过渡季)供暖期前
2019	一层	33.23	47.9	23.36	35.79
	中间层	34.36	43.65	26.49	41.41
	顶层	35.21	43.36	25.44	38.63
2020	一层	34.39	48.12	19.69	37.31
	中间层	39.53	49.81	32.28	44.87
	顶层	36.53	40.03	29.87	40.76

经长期监测，改造后，室内全年平均湿度 33%～40% 之间，供冷季室内平均湿度在 40%～50% 之间，供暖季维持在 20%～30% 之间，各年度室内平均湿度变化差异

185

不大，满足设计要求。

（3）PM$_{2.5}$

在监测数据中任意选取室外 PM$_{2.5}$ 浓度≤50μg/m³、≥50μg/m³ 的两天作为分析日数据进行分析。通过对室外 PM$_{2.5}$ 浓度≤50μg/m³、≥50μg/m³ 的两天进行室内外数据分析对比，室外 PM$_{2.5}$ 浓度≤50μg/m³、≥50μg/m³ 时，室内 PM$_{2.5}$ 浓度维持在 25μg/m³ 以下，平均值也≤35μg/m³。因此在进行超低能耗改造后，对用户的行为习惯进行指导，正确引导用户使用新风处理技术，可以保证维持室内 PM$_{2.5}$ 浓度要求与新建超低能耗建筑一样的指标，能够达到规范要求的指标限值。

（4）CO$_2$

为了对比室内外 CO$_2$ 浓度的差别，对室内外 CO$_2$ 浓度进行监测。在自然环境里空气中二氧化碳的正常含量是 0.04%（400PPM），在城市里有时候达到 500PPM。室内没有人的情况下，二氧化碳浓度一般在 500～700PPM。选取一个时段的 CO$_2$ 浓度数据进行对比分析，如图 7.1-24 所示。

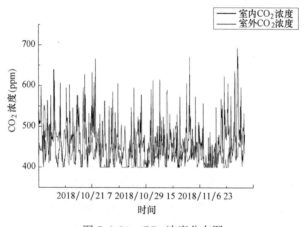

图 7.1-24　CO$_2$ 浓度分布图

由图 7.1-24 可知，室外 CO$_2$ 浓度维持在 499～500ppm 之间，17 时之后室外 CO$_2$ 浓度逐步降低至 400ppm 左右，而室内 CO$_2$ 浓度在 400～700ppm 之间，通常 17 时之后室内 CO$_2$ 浓度开始逐步上升，但大多数维持在 500～600ppm 之间，极少能够突破 600ppm。经过监测数据对比分析，进行超低能耗节能改造后，建筑的室内 CO$_2$ 浓度满足≤1000ppm 的指标要求。

2）能耗指标

超低能耗改造前后，2 号楼、3 号楼的耗热量、耗煤量计算见表 7.1-5。

2 号住宅楼改造前后耗热量指标分别为 39.7W/m²、5.02W/m²，进行超低能耗改造后耗热量指标降低 87.36%。按照耗煤量指标换算，改造前后分别为 23.97kg/m²、2.28kg/m²，改造后耗煤量指标降低 90.49%，2 号住宅楼每年可节约标煤 42.01t。

指标类型	2号楼		3号楼	
	改造前	改造后	改造前	改造后
耗热量指标/(W/m²)	39.7	5.02	34.47	4.21
耗煤量指标/(kg/m²)	23.97	2.28	21.07	1.91

改造前后计算表 表7.1-5

3号住宅楼改造前后耗热量指标分别为34.47W/m²、4.21W/m²，进行超低能耗改造后耗热量指标降低87.79%。按照耗煤量指标换算，改造前后分别为21.07kg/m²、1.91kg/m²，改造后耗煤量指标降低90.93%，3号住宅楼每年可节约标煤50.58t。

通过对建筑整体气密性检测，在50Pa压差下的换气次数为0.91次/h，满足居住建筑被动式超低能耗改造技术建筑气密性指标要求。

河北省建筑科学研究院2号、3号住宅楼超低能耗改造示范项目在规划与建筑、暖通空调、给水排水和电气四方面进行了改造，并获得了绿色改造二星级设计标识。河北省建筑科学研究院2号、3号住宅楼超低能耗改造的成本为650元/m²，为既有居住建筑低能耗改造提供了新模式。

7.2 远大城公寓楼低能耗改造工程

7.2.1 工程概况

示范工程位于湖南省长沙市郊区的远大城的1号公寓楼，为员工宿舍，建筑面积为5042m²，建筑高度为20.75m，地上7层，层高2.8m，使用面积为4700m²，如图7.2-1所示。主要改造措施包括外墙外保温改造、建筑外门窗改造、屋顶保温改造、加装钢制晾衣阳台、增设热回收新风机等。

图7.2-1 远大城全貌

7.2.2 改造目标

根据现场测绘尺寸，依据《夏热冬冷地区居住建筑设计标准》JGJ 134、《民用建筑热工设计规范》GB 50176、《建筑外门窗气密、水密、抗风压性能检测方法》GB/T 7106、《湖南省居住建筑节能设计标准》DBJ 43/001对1号公寓进行外围护结构改造。

长沙市供暖计算期为当年12月1日至次年2月28日，空调计算期为当年6月15日至8月31日。供暖期的室内计算温度为18℃，制冷期的室内计算温度为26℃。

图 7.2-2　远大城 1 号公寓楼改造前后照片

7.2.3　改造技术

对 1 号宿舍外围护结构与空调系统进行改造，并在南向加装钢制阳台，方便晾衣，节省干衣机能耗。改造技术如表 7.2-1 所示。

改造措施表 表 7.2-1

项目名称	远大城 1 号宿舍
屋顶	原有屋面(施工前清理干净)＋聚氨酯防潮底漆＋75mm 厚喷涂硬泡聚氨酯＋30mm 厚胶粉聚苯颗粒＋5mm 抗裂砂浆(加网格布)＋1 层 SBS 镀铝箔防水卷材，传热系数:0.362W/(m² · K)
外墙	增加墙体保温,涂料＋5mm 厚防水抗裂砂浆(压入一层耐碱玻纤网格布)＋150mm 厚 EPS 板保温层＋5 厚掺胶粘接砂浆层＋240mm 厚烧结多孔砖，传热系数:0.258W/(m² · K)
门窗	三玻塑钢窗:传热系数:2.54W/(m² · K),遮阳系数 0.56
遮阳	南向增加水平遮阳
空调	增设热回收新风机,热回收效率夏季约 70%,冬季约 90%,空气净化效率 99.5%
其他	建筑外加装钢制阳台

1）屋面改造技术

屋面保温改造采用倒置式屋顶保温方式，采用喷涂聚氨酯保温，保温层上铺设一层 SBS 镀铝箔防水卷材，屋面传热系数降低至 0.362W/(m² · K)。对屋面与墙体直角处，做特殊防水处理。各种管道出屋面以及屋面设备与屋面的连接均需进行保温和防水处理。

2）外墙改造

外墙改造采用外贴 150mm 厚 EPS 板保温，传热系数为 0.258W/(m² · K)。EPS 板在洞口四角处不允许接缝，每排 EPS 板错缝，错缝长度为 1/2 板长，转角处 EPS 板应错接交叉铺板，每块胶黏剂面积不小于 30%。

3）外窗改造技术

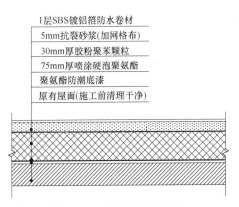

1层SBS镀铝箔防水卷材
5mm抗裂砂浆(加网格布)
30mm厚胶粉聚苯颗粒
75mm厚喷涂硬泡聚氨酯
聚氨酯防潮底漆
原有屋面(施工前清理干净)

图 7.2-3 屋面改造后做法

图 7.2-4 屋面改造施工

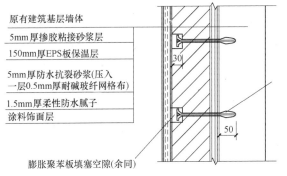

原有建筑基层墙体
5mm厚掺胶粘接砂浆层
150mm厚EPS板保温层
5mm厚防水抗裂砂浆(压入一层0.5mm厚耐碱玻纤网格布)
1.5mm厚柔性防水腻子
涂料饰面层

膨胀聚苯板填塞空隙(余同)

图 7.2-5 墙面改造剖面图

图 7.2-6 原墙面增加保温层

外窗材料由原铝合金单层玻璃窗改为塑钢三玻两腔中空玻璃窗，且安装时需做好防水密封处理。

窗洞改造时填充砌体做好与原有墙体的拉结，上部过梁保证足够的搭接长度；新

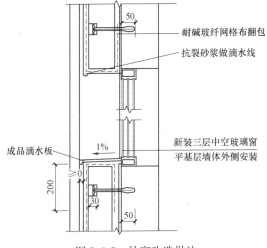

耐碱玻纤网格布翻包
抗裂砂浆做滴水线

新装三层中空玻璃窗
平基层墙体外侧安装

成品滴水板

图 7.2-7 外窗改造做法

图 7.2-8 外窗改造做法示意图

旧墙体间做好防水处理，洞口周边 500mm 范围内采用两层以上涂膜防水；新旧墙体间采用玻璃纤维网格布铺贴连接，掺胶防水砂浆涂刷，以防墙体开裂，保护涂膜防水层不受破坏。南向增加水平遮阳。

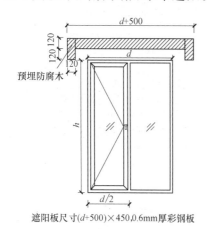

遮阳板尺寸(d+500)×450,0.6mm厚彩钢板

图 7.2-9　增设遮阳立面图

图 7.2-10　增设阳台与遮阳

4）热桥处理

建筑外墙的各种管道是建筑较大的热桥隐患，采用密封膏封堵。突出线脚处用保温材料处理，如图 7.2-11、图 7.2-12 所示。为防止女儿墙成为热桥，对女儿墙内外面及顶部进行保温处理。

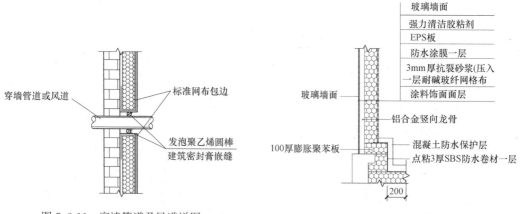

图 7.2-11　穿墙管道及风道详图

图 7.2-12　突出线脚保温处理

5）空调系统改造

空调供回水管路均做保温，新风风管采用壁厚 20mm 的复合风管制作。采用 SD2500 热回收新风机，对排风进行冷（热）回收减低空调能耗。新风量 2500m³/h，余压 150Pa，热回收效率 80%，空气净化效率 99.5%。室外计算参数与室内计算参数如表 7.2-2、表 7.2-3 所示。提供总冷量 138kW，冷负荷指标 27W/m²。

室外计算参数　　　　　　　　　　　　　表7.2-2

季节	空调干球温度/℃	空调湿球温度/℃	相对湿度/%	室外风速/(m/s)
夏季	35.8	27.7	75	2.6
冬季	−3		81	2.8

室内计算参数　　　　　　　　　　　　　表7.2-3

房间名称	夏季		冬季		新风量/(m³/hp)
	温度/℃	相对湿度/%	温度/℃	相对湿度/%	
卧室	26	65	20	>40	30
客厅	26	60	20	>40	30
其他	28	65	18	>40	20

新风系统采用热回收新风机加集中盘管对新风进行处理，经过静电除尘的新风与室内回风热交换之后，由集中盘管进行冷（热）处理后经风管到达各功能区。回风系统为室内回风与新风进行冷（热）交换后排往室外。

热回收新风机内置温度传感器和二氧化碳传感器。温度传感器实时反馈室内温度和相对湿度，根据室温高低调整冷水流量；二氧化碳传感器实时监测室内 CO_2 浓度，根据浓度高低调整热回收新风机频率。热回收新风机内置热量表实时计量热回收效率和能耗。新风口均采用电动风口。

7.2.4 改造效果

1）能耗

1号公寓楼为员工宿舍及住宅，常住人员为380人，改造前供暖空调能耗折算一次能源为339kWh/(m²·a)；改造后供暖空调能耗折算一次能源为64kWh/(m²·a)，约为原来的1/5，节能率达到81%。改造费用为130万元，回报期为2年。

2）室内热环境

改造前宿舍楼屋面无保温隔热层，外窗为单玻铝合金推拉窗，顶层夏季有烘烤感，冬季房间靠窗处冷辐射强烈，室内温度分布不均。改造后，室内热环境明显改善。课题组对改造后室内的温、湿度及噪声进行现场测试，测试时间为2019年9月1日～9月3日，结果如表7.2-4所示：

室内温度、湿度、噪声监测结果　　　　　　　　表7.2-4

建筑名称	类别	部位	最大值	最小值	平均值
1号宿舍楼	温度/℃	南向卧室1	26.0	24.3	25.1
		南向卧室2	26.2	24.1	25.4
	湿度/%	南向卧室1	68.3	59.3	61.7
		南向卧室2	68.5	58.2	62.8
	室内噪声/dB	南向卧室1	52	37.7	44.4
		南向卧室2	52.1	37.8	44.9

191

测试期间，1号宿舍楼南向卧室室内平均温度低于26℃，平均相对湿度60%左右，室内温度波动度较小，满足长沙市人体热舒适需求；外围护结构改造后，室内平均噪声低于45dB，声环境良好。

7.3 北京市翠微西里小区 2 号楼低能耗改造

7.3.1 工程概况

项目位于北京市海淀区万寿路翠微西里小区，西邻万寿路，北邻翠微路，南邻玉渊潭南路，小区有北、南、西三个大门，西大门为小区出入主大门，见图 7.3-1。本项目总建筑面积为 122780m²，包括 10 栋住宅楼、1 栋老干部活动站、2 个车库和 1 个垃圾站（拆除重建），其中 1 号~3 号楼为低层，砖混结构，地上 4 层；8 号~14 号楼为高层，剪力墙结构，8 号楼地上 18 层，地下 3 层，9 号~14 号楼地上 20 层，地下 3 层。

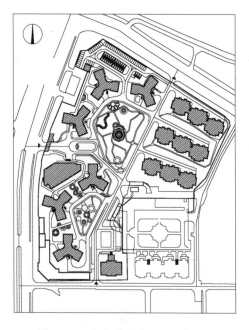

图 7.3-1 北京翠微小区平面布置图

该小区建于 20 世纪 80 年代末，规划建设年代早，房屋外立面和设备设施均已出现老化严重等问题，本次改造内容主要为安全改造、环境改造、节能改造、适老化改造、功能提升等综合改造，涉及 828 户近三千居民。

本次低能耗改造重点示范为翠微西里 2 号楼，建设年代为 1984 年，地上 4 层，原建筑高度为 12.63m，平改坡后建筑高度 15.03m。

7.3.2 改造目标

围护结构的节能改造参照地方标准《北京市居住建筑节能设计标准》DB 11/T 891—2012 进行设计，改造后的建筑能耗比国家标准《民用建筑能耗标准》GB/T 51161—2016 中的引导值要求低 30%，即不大于 0.133GJ/(m²·a)。同时，改善室内环境、改造室内外供暖设施、增加电梯和更换电梯、改造公共区域的照明设施等。

7.3.3 改造技术

1) 屋面

1 号~3 号楼屋面采用 80mm 厚 A 级复合硬泡聚氨酯保温板和 3.0mm＋3.0mm 厚 SBS 改性沥青防水层，阳台顶板及底板采用与外墙同厚保温材料，原有屋面做法全部清除。经节能计算，改造后屋顶传热系数为 $0.31W/(m^2 \cdot K)$（表7.3-1）。

屋顶节能计算表　　　　　　　　　　　　　表7.3-1

材料名称 （由上到下）	厚度δ	导热系数λ	蓄热系数S	修正系数	热阻R	热惰性指标
	mm	W/(m·K)	W/(m²·K)	α	(m²·K)/W	D=R×S
石灰砂浆	20	0.810	10.070	1.00	0.025	0.249
沥青油毡、油毡纸	6	0.170	3.302	1.00	0.035	0.117
水泥砂浆	15	0.930	11.370	1.00	0.016	0.183
砂加气制品(B05级)200mm厚	50	0.180	2.730	1.20	0.231	0.758
硬质聚氨酯(PU)	80	0.024	0.234	1.25	2.667	0.780
钢筋混凝土	130	1.740	17.200	1.00	0.075	1.285
石灰砂浆	20	0.810	10.070	1.00	0.025	0.249
各层之和∑	321					
传热系数 K=1/(0.15+∑R)	0.31					
标准依据	《北京市居住建筑节能设计标准》DB 11/891—2012 第3.2.2条					
标准要求	K值应当符合表3.2.2的要求(K≤0.35)					

2）外墙

原有墙面清理，增设 100mm 厚复合硬泡聚氨酯保温板（除 8 号楼为 90mm 厚以外，其余主体均为 100mm 厚），保温构造见图 7.3-2，室外地面至首层为干挂石材墙面，以上为真石漆涂料饰面。根据卧室和起居室设置空调支架，设置空调冷凝水管，空调加氟。经节能计算可知，外墙传热系数为 $0.39W/(m^2 \cdot K)$（表7.3-2）。

3）内墙

住宅楼供暖与非供暖房间之间的楼板采用 60mm 厚 A 级复合硬泡聚氨酯保温板，供暖与非供暖房间之间的隔墙、楼梯间前室为 20mm 厚复合硬泡聚氨酯保温板。

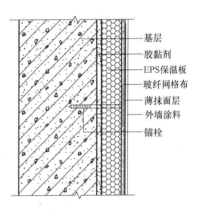

基层
胶黏剂
EPS保温板
玻纤网格布
薄抹面层
外墙涂料
锚栓

图 7.3-2　外墙保温构造

外墙节能计算表　　　　　　　　　　　　　表7.3-2

材料名称 （由外到内）	厚度δ	导热系数λ	蓄热系数S	修正系数	热阻R	热惰性指标
	mm	W/(m·K)	W/(m²·K)	α	(m²·K)/W	D=R×S
大理石	6	2.910	23.348	1.00	0.002	0.048
水泥砂浆	10	0.930	11.370	1.00	0.011	0.122
硬质聚氨酯(PU)	100	0.024	0.234	1.25	3.333	0.975
轻砂浆砌筑黏土砖砌体	360	0.760	9.933	1.00	0.474	4.705
石灰石膏砂浆	15	0.760	9.330	1.00	0.020	0.184
各层之和∑	491	—	—	—	3.840	6.035
传热系数 K=1/(0.15+∑R)	0.25					

4）门窗

外立面门窗统一拆除并更换（带纱窗），窗下口设 1.5mm 厚铝板披水板。外窗采用断桥铝合金 60 系列平开窗（6＋12A＋6，Low-e），外门窗传热系数≤2.2W/（m²·K），气密性不低于外窗空气渗透性能 7 级，遮阳系数为 0.58，标准窗的安装节点见图 7.3-3。更换各楼首层单元门、各楼层公共区域防火门。

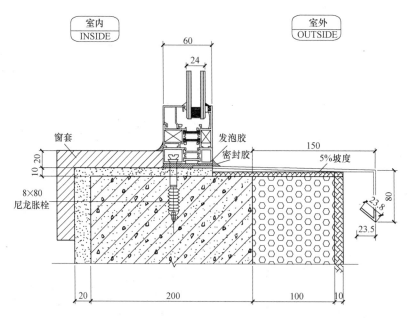

（注：披水板采用密封胶粘接在外阳台窗台处，左右及铝合金窗三边打胶，正下方也采取之字形打胶）

图 7.3-3　标准窗安装节点

7.3.4　改造效果

翠微西里小区改造为既有居住建筑宜居改造及功能提升示范工程，除开展实施了一系列的改造内容外，还对典型建筑翠微西里 2 号楼进行了低能耗改造示范，改造前后见图 7.3-4。在安全改造方面涉及小区安防监控、车辆管理、消防安全、电气安全

(a) 改造前　　　　　　　　　　　　　　(b) 改造后

图 7.3-4　翠微西里小区改造前后

等；在环境改造方面涉及室内公共区域、室外道路及绿化等；在节能改造方面涉及外围护结构保温、节能外窗更换、节能电梯更换、公共区域节能灯具更换、供暖系统等；在适老化改造方面涉及无障碍坡道、扶手、增设电梯等；在功能提升方面涉及公共设施和停车设施等。通过本次综合改造，小区在安全、环境、节能、适老、功能方面都得到了大幅度改善和提升，取得了良好的改造效果。

（1）在外墙方面，现场选取了 2 号和 12 号楼进行外墙主体部位传热系数检测，结果分别达到 0.24W/(m² · K) 和 0.23W/(m² · K)，满足设计值 0.25W/(m² · K) 和 0.27W/(m² · K) 的要求，且优于设计值。整个小区的 10 栋建筑都统一重新做了外保温和外饰面，外门窗也都统一更换成新的节能门窗，并且楼内公共空间都对饰面重新进行粉刷，小区的建筑外观焕然一新，见图 7.3-5。

(a) 改造前

(b) 改造后

图 7.3-5　外墙改造前后

（2）在内墙方面，原设计内墙为保温砂浆，考虑到保温砂浆的拌合、抹灰会对楼内公共区域造成较大污染，且会影响楼内住户，经多方协商后将保温砂浆更换为保温板，见图 7.3-6。

（3）在门窗方面，原来建筑外窗为单玻空腹钢窗，更换为节能窗后，其保温性能和气密性有所提高，围护结构热损失及冷风渗透大大降低，见图 7.3-7。

（4）在室内环境方面，课题组对改造后的不同朝向、不同功能的房间进行了室内温度监测，测试时间为 2019 年 1 月 14 日～1 月 31 日，测试结果如表 7.3-3 和图 7.3-8 所示：

测试期间，各代表建筑的典型房间室内平均温度均高于 18℃，室内温度昼夜波动度较小，满足北京市供暖温度不得低于 18℃ 的要求；外围护结构改造后，室内温度提高效果显著。

图 7.3-6　内墙保温由保温砂浆改为复合硬泡聚氨酯保温板

图 7.3-7　外窗改造前后

室内温度监测结果　　　　　　　　　　　　　　表 7.3-3

楼号	位置	部位	室内温度/℃	室内温度平均值/℃
2 号	1门202室	南侧卧室	25.28	25.33
		北侧卧室	25.39	
	2门401室	南侧卧室	20.43	20.38
		北侧卧室	20.44	
		餐厅	20.27	
		室外温度	−0.78	—
	3门201室	北侧卧室	25.30	24.39
		东侧起居室	22.87	
		餐厅	24.99	

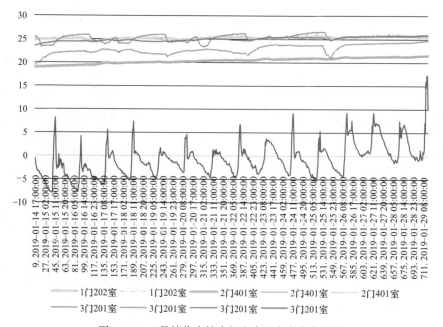

图 7.3-8　2 号楼代表性房间室内温度变化曲线图

　　翠微西里小区 2 号楼原为非节能居住建筑。本次改造参照地方标准《北京市居住建筑节能设计标准》DB 11/891—2012 进行了设计。经模拟分析可知，改造后单位面积耗热量为 0.128GJ/m² · a，相较于国家标准《民用建筑能耗标准》GB/T 51161—2016 中引导值降低了 32.6%，达到了既定的改造目标，即改造后能耗值较现行国家标准能耗引导值降低 30%，达到了低能耗改造的示范效果。

附录 既有居住建筑低能耗改造诊断评估表

一、诊断评估单位及人员信息

单位名称	人员姓名	填写日期	年 月 日

二、既有居住建筑基本信息

建筑物名称		小区 号楼 社区	竣工日期	年
地址		省 市 区 街道办		
所在的气候区	□严寒地区 □寒冷地区 □夏热冬冷地区 □夏热冬暖地区 □温和地区			
楼层总数（层）	单元数（个）	建筑面积（m²）	建筑尺寸（m）（长×宽×高）	
建筑物节能状态	□未采取节能措施 □节能30% □节能50% □节能65% □其他			
结构类型	□砖混 □框架 □框剪 □剪力墙 □内浇外砌 □其他			
抗震设防烈度	□无 □6度 □7度 □8度 □9度 □不清楚			
地下室	□无地下室 □有地下室	地下室供暖情况	□供暖地下室 □非供暖地下室	

三、能耗现状

类 别	供暖能耗	空调能耗	公共部位能耗	其他能耗
全年单位建筑面积能耗[kW·h/(m²·a)]			/	/
全年总能耗（kW·h）			/	/
设计计算能耗（kV·h）			/	/
综合评估				

四、室内热环境

类 别	温度（℃）	相对湿度（%）	外围护结构内表面温度（℃）	风速（m/s）	住户对室内热环境的主观感受（状态描述）
诊断结果					
综合评估					

五、围护结构

现状描述:

承重结构安全性:□符合国家安全要求 □不符合国家安全要求(a. 墙壁:□裂缝 □沉降 □变形 □钢筋腐蚀;b. 楼板:□裂缝 □沉降 □变形 □钢筋腐蚀;c. 柱子:□裂缝 □沉降 □变形 □钢筋腐蚀;d. 梁:□裂缝 □沉降 □变形 □钢筋腐蚀)

基础状态:□正常 □裂缝 □沉降

屋面类型:□平屋面 □坡屋面 □种植屋面 □其他

屋面内表面是否有结露、霉变现象:□有 □无

屋面渗水情况:□完好 □渗水

外墙材料:□实心黏土砖 □现浇钢筋混凝土墙 □普通钢筋混凝土 □空气砖 □加气混凝土 □轻集料混凝土砌块 □其他_____

外墙表面状态:□完好 □裂缝 □墙面返碱 □外墙饰面剥落 □其他_____

外墙渗水情况:□完好 □渗水

外墙突出的线脚:□凸出 □凹凸

外窗类型:□木窗 □钢窗 □铝合金窗 □塑钢窗 □其他_____

外窗的玻璃层数:□单框单玻 □单框双玻 □双框 □其他_____

外窗遮阳措施:□有 □无

外门状况:□无单元门 □有单元门 □单元门破损或无密封作用 □其他_____

地面返碱面现象:□有 □无

外墙附着物情况:

其他:

诊断结果　　类别	屋面	外墙	外窗	外门	地面	其他
构造组成及各层材料厚度						
各构件尺寸(m)(长×宽)						
传热系数K[W/(m²·K)]						
太阳得热系数($SHGC$)/综合遮阳系数(SC_w)/气密性及水密性	/	/	/	/	/	/
存在的热工缺陷状况						
综合评估						

六、建筑设备系统

(一)供暖、通风及空调系统

集中供暖系统

199

续表

现状描述

供热方式:□城市热力 □区域锅炉房 □其他____
供暖系统:□垂直单管系统 □垂直双管系统 □按户分环 □其他____
散热器种类:□钢制散热器 □铜铝复合散热器 □铜质散热器 □铝合金散热器 □铸铁散热器 □其他____
散热器状态:□腐蚀 □未腐蚀
管路状态:□腐蚀 □未腐蚀
管道保温性能:□良好 □较差
调节装置:□有,调节装置有效性:□有效 □无效
其他:

诊断结果

锅炉运行效率	系统耗电输热比	供暖系统补水率	室外管网热损失率	室外管网水力平衡度	室内供暖系统水力失调状况	……

集中空调系统

现状描述

冷热源方式:□冷水机组+锅炉 □多联机系统 □其他____
管道保温性能:□良好 □较差
调节装置:□有 □无,调节装置有效性:□有效 □无效
其他:

诊断结果

冷水机组性能系数	锅炉热效率	热泵机组能效	冷源系统能效系数	系统耗电输热比	水系效率
系统供回水温差(℃)	系统新风量(m³/h)	风道系统单位风量耗功率[W/(m³/h)]		风系统平衡度	……

其他供暖、通风及空调系统

现状描述

其他供暖、空调形式:□户式燃气供暖热水炉 □户式新风系统 □房间空气调节器 □其他____
通风系统类型:□厨房排风系统 □卫生间排风系统 □补风系统 □其他____
其他:

诊断结果

户式燃气供暖热水炉能效	分散式空气调节器能效	热回收装置效率	风道系统单位风量耗功率[W/(m³/h)]	……

(二)给水排水系统

| 现状描述 | 供水方式:□市政供水 □二次供水 □其他____
生活热水制备方式:□区域锅炉房 □电热水器 □燃气热水器 □太阳能热水器 □其他____
水管渗漏情况:□有渗漏 □无渗漏
生活热水管道保温性能:□良好 □较差
是否使用节水器具:□是 □否
其他: |

诊断结果	锅炉热效率	热水器效率	水泵效率

(三)电气系统

| 现状描述 | 供配电系统
供用电电能质量:□正常 □异常(a.电压异常 b.三相电流不平衡 c.功率因数低 d.谐波高 e.其他____)
系统温升情况:□正常 □异常(a.元件过热 c.线路过热 c.箱、管槽、卡子热成像有铁磁涡流发热 d.其他____)
运行环境状态:□正常 □异常(a.自然通风不足 b.机械通风异常 c.电伴热温控异常 d.其他____)
无功补偿:□保护正常 □保护不正常(a.重载 b.过载)
其他: |

诊断结果	供配电系统容量(kVA)	变压器能效

| 现状描述 | 公共部位照明系统
照明类型:□灯具照明 □光伏发电照明 □其他____
照明控制控制方式:□分组控制 □声光控制 □自熄 □程控模式 □其他____
其他: |

诊断结果	照明灯具效率	照明灯具照度(lx)	照明灯具功率密度(W/m²)

| 现状描述 | 能源计量装置
集中供暖(供冷)系统计量装置:□有 □无,计量装置有效性:□有效 □无效
给水系统计量装置有效性:□有效 □无效
集中生活热水计量装置有效性:□有效 □无效
公共部位用电计量装置有效性:□有效 □无效
其他: |

续表

（四）可再生能源利用系统

现状描述	太阳能热水系统：□有 □无 太阳能光伏发电系统：□有 □无 其他：				
诊断结果	太阳能集热系统得热量 （MJ）	太阳能利用系统的总能耗 （MJ）	太阳能利用系统的 太阳能保证率	太阳能集热系统效率	……
综合评估					

注：不同的既有居住建筑低能耗改造时，其所处的气候区、建筑设备系统形式等有所不同，本表可根据实际工程进行调整。